生命故事与心理咨询

任丽杰　编著

中国言实出版社

图书在版编目（CIP）数据

生命故事与心理咨询／任丽杰编著． - - 北京：中国言实出版社，2016.1

ISBN 978 - 7 - 5171 - 1736 - 0

Ⅰ．①生… Ⅱ．①任… Ⅲ．①大学生 - 心理咨询 - 案例 - 汇编 Ⅳ．①B844.2

中国版本图书馆 CIP 数据核字（2015）第 316023 号

责任编辑：史会美

出版发行 中国言实出版社
   地 址：北京市朝阳区北苑路 180 号加利大厦 5 号楼 105 室
   邮 编：100101
   电 话：64966714（发行部） 51147960（邮 购）
         64924853（总编室） 64963107（三编部）
   网 址：www. zgyscbs. cn
   E - mail：zgyscbs@ 263. net
经 销 新华书店
印 刷 北京京丰印刷厂
版 次 2016 年 1 月第 1 版 2019 年 2 月第 1 次印刷
规 格 787 毫米 × 1092 毫米 1/32 印张 7
字 数 160 千字
定 价 28.00 元 ISBN 978 - 7 - 5171 - 1736 - 0

序

　　随着时代的进步和科技的发展，生活节奏不断加快，各种压力萦绕在四周，人们的心理健康状况堪忧；随着社会生活的进步和生活水平的提高，大家对心理健康度越来越关注。这样的大背景促动了我国当下心理健康工作的开展，激发了民众对心理学极大的兴趣和热情，学习提升，自我调适，寻求帮助等等不一而足，这也昭示了社会的进步和文明的发展。

　　作为一名高校心理健康教育工作者，作者开展心理咨询工作十年，积累了大量的大学生心理案例，看到了许多人的生命故事，这里面有内心的挣扎，有欲望的折磨，有现实的无奈，有无助的痛苦，这些生命故事中或多或少都会有每个人的身影。通过生命故事引出具体的心理咨询知识与技巧，帮助所有人自我成长是作者的初衷，故作《生命故事与心理咨询》一书，以飨读者。

　　是为序。

目　录

我想吃得不那么撑

一、案例介绍

我太能吃了，好讨厌自己

2006 年 4 月的一天中午，我吃好午饭后正在办公室处理工作，一阵急促的敲门声响起，一个高个子女生双手抱着肚子站在门外，表情很痛苦，"请问心理咨询老师在吗?"，"我就是，同学请进，请问有什么可以帮你的?"她抱着肚子慢慢走进办公室，"老师，我撑得太难受了，您可不可以帮帮我让我吃得不要那么多，那么撑?"我请女孩详细介绍下自己的情况。

女孩叫小于，是我校二年级的学生，北京人，与同学关系不好，宿舍关系紧张，父母离异，母亲患有抑郁症，学习压力比较大，在 2005 年 11 月准备报关员考试的时候，头发掉了一大绺，她很担心自己的身体状况，开始注意增加营养，有意识的多吃些东西，结果一发不可收拾，每顿饭都要吃很多，要吃到有感觉才觉得舒服，但是有感觉之后也就是撑得很难受的时候，因为这种暴饮暴食，自己的体重增加了 20 多斤，因为担心怕胖，而且胃也撑得难受，她尝试过泻药和催吐的方法，最初泻药比较有效果，但是用得时间越久，需要的剂量越大，而且基本没有什么作用了，现在已经一个星期没有排便，催吐的方法也越来越没有作用，手放到嗓子眼只是恶心却吐出东西来，就是吐也感觉吐不干净，好像胃都要吐出来了，还是有东西卡在那里，已经三个多月没有来月经，虽然吃些中药调理但是没有效果。现在自己都很讨厌自己，但是却没有办法停止。有同学在场的时候会注意控制，不希望让别人觉得自己很奇怪，每次暴食都是偷偷一个人进行的，催吐也要跑到离班级和宿舍较远的地方，每天这样，觉得自己很不齿。

听了小于的主述，我认为基本可以排除由癫痫、精神分裂症等导致的暴食行为，为神经性贪食症，我向她介绍了神经性贪食症的基本症状和危害，并请她到专业医院进行检查，服药治疗的同时进行心理治疗，同时请小于详细记录每顿饭的饮食情况、服用泻药和催吐的情况，尽量与同学在一起，在一周之后继续交流。

交个朋友可真难

按照约定时间，小于准时来到了咨询室，这次她的精神状态比较好，上一周，基本上每顿吃得还是比较多，催吐过三次，泻药一直在吃，去医院作过检查，医生开了一些抗抑郁的药，正在服用，也看了神经性贪食症的资料，自己也清楚这样的做法对身体的伤害，很着急，我请她在 1—10 的范围内评估自己改变的决心，她犹豫了半天之后说是 6—7，为什么不是10呢？她强调说改变需要环境的配合，即使自己改变了，但是周围的人不变，担心自己依然没有信心，这些外在的因素包括同学关系、家庭和学习压力，她选择最先处理同学关系。

小于特别希望能有一个可以说知心话的朋友，而且在初中、高中、大学也都分别有过这样的好朋友，但最后这些朋友都离开了她，她觉得人和人之间的关系太难相处了，都不可信，即使是真心也换不来别人的真意，她不允许自己过多地主动去与别人交往，因为这样会显得自己太低气，会被别人看不起，而且朋友也不需要多，只要有一、两个真正的朋友就可以了，真正的朋友是要坦诚相见的，她就是这样对原来的朋友的，希望和朋友做每一件事，分享所有的感受，但是最后总是觉得不对等，让人失望，最终朋友离她而去。在与同学相处的过程中，她觉得自己是忍耐的、宽容的，因为她不会与她们争论，她觉得争吵太可怕了，但是也不会轻易改变自己的想法，所以在班级里、宿舍里，小于都像是游离在外的一个人。

我是世界上受苦最多的那个人

小于的父母在她小学五年级的时候离婚了，她和妈妈住在法院判给爸爸的房子里，妈妈脾气暴躁，经常会对自己发火，向自己诉苦，她在小小的年纪里，不但要做家务而且要照顾妈妈的心情，觉得自己是世界上受苦最多的那个人。最初靠妈妈做生意还可以维持生活，两年前妈妈生意失败之后一蹶不振，每天只是念经逃避，并且说如果不是因为女儿，她早已经离开人世，经医生诊断妈妈患上了抑郁症，目前正在服药治疗。爸爸最近也再婚了，回到了自己的房子，将她和妈妈安排在一间出租屋里，家里的经济来源是爸爸和外婆家的资助。想到外婆家，一个火药桶的形象就能浮现在小于的眼前，外公外婆都是脾气很大的人，吵了一辈子，大姨离婚，二姨分居，小姨卧轨自杀，舅舅用刀砍掉了小姨父的小手指，整个家庭的沟通都是以争吵开始，以争吵进行，以争吵结束，在外婆家，她除了恐惧没有学习到更多的东西。因为家庭的变故，因为外婆家的情况，小于一直认为自己是世界上受苦最多的那个人，没有人比自己更惨，所以当听到妈妈诉苦的时候，她会更加生气的去指责妈妈，"你没有资格在我面前诉苦，我才是最惨的，你们婚姻的苦果都是给我吃的"，当听到同学谈论自己的不易的时候，心中会很鄙视她们的惺惺作态，那些都算什么苦，太虚伪了。

我要为北京人争口气

小于一向好强，她希望通过自己的努力可以改变自己和整个家庭的命运，在高中的时候，她学习很刻苦，但是高考失利，只靠上了专科，因为学费的问题，小于没有选择复读，抱着以努力改变命运的心态她来到了上海，因为高考的阴霾，她确信自己是个倒霉的人，是个运气很差的人，所以在面临重大考试的时候会更加紧张与焦虑。到学校不久，小于就明显感觉到上海学生对北京学生的偏见，而有些北京学生也确实很混，很不争气，她认为自己有义务为北京人正名，所以她更加努力，在第一年就通过了英语四级，接着通过了英语六级，计算机二级，拿到了全国通过率只有11%的报关员考试证书，但是她依然坚信自己是个倒霉透顶的人，自己的学习能力很差。

我又大吃了一顿，前功尽弃了，我决定放弃

经过六次咨询，小于的暴食行为基本得到控制，在人际关系方面的进步是非常大的，但是在第七次约见的时间，我没有见到小于的身影，我感觉非常奇怪，经过联系小于告诉我她因为心情不好，又大吃了一顿，而且吃得非常多，她觉得自己所有的努力都前功尽弃了，对自己绝望了，觉得没有脸面再来见我了，我请小于再到咨询室进行详细交流，我告诉小于在治疗的过程中有反复是很正常的，而且在没有找到新的宣泄压力的

途径的时候，这也是一种不错的选择，甚至我们可以约定十天当中可以有一次吃得很多的弹性时间表，小于释然了，愉快的接受了这个建议，并且与自己的两个舍友一起参加了我组织的为期六次的人际关系训练营的团体辅导，经过认知治疗、行为治疗和团体辅导，小于的暴食行为消失了，与妈妈、宿舍人和同学的关系有很大的改善，在 2007 年开学之后小于自信的开始了一段甜蜜的感情生活。

二、案例分析

1. 小于患有神经性贪食症

根据小于的主述，自 2005 年 11 月至 2006 年 4 月近 5 个月的时间里一直存在不可控制的暴食欲望与行为，担心自己太胖，有催吐和吃泻药的行为，基本每天都有暴食行为，催吐的行为每周至少 3 - 4 次，月经紊乱，不存在癫痫和精神分裂症的症状，完全符合神经性贪食症的诊断标准。

2. 神经性贪食症的根源在于来自认知、人际关系、学习三方面的压力

小于的暴食源自学习压力过大导致头发脱落，为了补充营养有意识多吃，进食引发的快感冲淡了来自认知、人际关系和学习三方面的压力，让小于心里觉得舒服，所以进食的行为得到了强化，一定要吃到舒服为止，进食行为成了缓解压力的一种方法，但过度进食导致体重迅速增加，为满足进食欲望同时保持身材，她选择了催吐和导泻，对现状不满但却无能为力，所以小于的神经性贪食症的根源在于外在的压力。

3. 认知偏差和人际交往技能缺失是造成压力的主要原因

在小于的脑海里存在许多的不合理认知，如"我是倒霉的"、"我运气很差"、"我是世界上最苦的人"、"凭什么要我

主动交朋友"、"你凭什么管我"、"我的学习能力很低"、"我不能让别人知道我的不足"、"争吵太可怕了"、"朋友就应该坦诚相见"等，这些认知偏差导致小白的自我意识偏低，人际交往中处于被动状态，人际关系定位不清，学习情况判断不准确。由于在家庭中没有习得良好的沟通能力和人际交往技能，人际关系定位错误，在初中、高中和大学屡屡遭受到人际交往的挫折，挫折进一步强化了认知偏差，两者相互作用为小于创设了一个充满失败、挫折、委屈和缺乏信任的世界图示。

三、治疗方法

1. 培养控制能力：自我监督、自我观察提高自控能力，改变生活习惯与同学同进退加强他人监督

神经性贪食症的一个主要症状为不可抗拒的摄食欲望与行为，增强来访者的控制能力是进行治疗的一个基本思路，经了解小于在有同学在场的情况下是可以控制自己的饮食行为的，虽然比别的同学吃的多，但是还没有达到过分的程度，所以建议小于尽量与同学一起去吃饭，在周末的时候可以做床上的思考者，不起床就不会有难以抑制的进食冲动；经过协商共同制定食谱和食量，请小于记录自己每天的进食情况，通过自我观察、自我监督了解暴食的实际情况，减少对自己暴食行为的泛化印象，见证自己的努力与成果，正面强化改变的行为。

2. 认知治疗调整不合理信念

针对小于存在的关于自我意识、人际关系、学习方面的不合理认知，采用认知治疗中的合理情绪疗法识别她的自动思维，通过对质、提问、检验假设、积极自我对话等技术寻找不合理信念并分别进行调整，帮助她建立认识自我、他人和学习的合理认知。

3. 认知行为治疗培养人际交往技能

教授小于合理的人际交往技巧，如如何表达自己的想法，如何与人进行沟通，如何加入讨论，如何维持与他人关系，建立不同层面的朋友圈子等，培养她的人际交往技能。

4. 个别咨询与团体辅导相结合增强人际交往技能

在进行个别咨询的同时，邀请小于参加由 30 名同学参加的人际交往训练营，小于邀请了自己的两名舍友参加，通过六次的活动，小于拉近了与舍友的距离，结识了新朋友，学会了表达与接受、信任与宽容、赞美与合作的基本方式方法。

5. 辅助药物治疗

神经性贪食症应以心理治疗为主，辅以药物治疗，根据专门机构医生的诊断，小于服用了抗抑郁药。

四、知识链接

1. 神经性贪食症

（1）概念

神经性贪食症（BN），又名贪食症，是以反复发作性暴食，并伴随防止体重增加的补偿性行为及对自身体重和体形过分关注为主要特征的一种进食障碍。主要表现为反复发作、不可控制、冲动性地暴食，继之采取防止增重的不适当的补偿性行为，如禁食、过度运动、诱导呕吐、滥用利尿剂、泻药、食欲抑制剂、代谢加速药物等，这些行为与其对自身体重和体形的过度和不客观的评价有关。BN 在年轻女性（＜30 岁）多见，并多在青春期和成年初期起病，BN 的发病年龄在青少年中常常较神经性厌食（AN）晚，平均起病年龄通常在 16 ~ 18 岁。在工业化国家，BN 的患病率较 AN 高，年轻女性 BN 的发病率是 3% ~ 6%，女性的终身患病率为 2% ~ 4%，男性不超过1%，女性与男性 BN 的比例约为 10：1。BN 患者体重正常或轻微超重，30% ~ 80% 的 BN 患者有 AN 史，有时可有肥胖史。

（2）病因

BN 是一种现代病，其病因及发病机制目前尚不清楚，但多数研究认为，BN 的发病与生物、心理、社会文化因素有关。

家系调查表明遗传因素在 AN 的发病中起一定的作用，不过，有资料表明 BN 的遗传倾向不如 AN 明显，遗传在 BN 发病中究竟占了多大的比例，目前仍不能确定。中枢神经递质 5 – HT 和 NE 被认为与 BN 发病有关，其中，5 – HT 不足与 BN 的关系最为密切。

BN 的发病与心理和人格因素有关，如完美主义、自我概念损害、情感不稳定、冲动控制能力差，对发育和成熟过程适应能力较差，包括对青春期、婚姻、妊娠以及与家庭成员和父母的关系问题、遇到的性问题等，因此，BN 可以是处理这些过程中所遇到的应激事件的一种方式。BN 患者较 AN 患者更善于交际、更愤怒和更冲动，缺少和 AN 患者相当的超我控制和自我力量。

社会文化因素在 BN 发病过程中起着重要作用。工业化导致社会能够生产充足的食物，并将之作快食简装处理，这种诱惑与女性"苗条"的审美观之间发生了矛盾；社会的发展也导致了男女角色的改变，女性对自己体型的关注直接与个人的自尊、自我价值感有关；某些社会观点，如，越苗条的女性就越有魅力，节食、苗条促进成功，使得女性对于自己的体型异常敏感。

（3）临床表现

①心理和行为障碍

BN 的行为特征主要为暴食 - 清除循环，表现为冲动性暴食行为，缺乏饱食感，伴有失控感。这些行为常与空虚、孤独、挫折感或有诱惑的食物有关。BN 患者通常在出现罪恶感、极度痛苦或躯体不适如恶心、腹胀、腹痛时终止暴食行为，继之是补偿性排泄行为，以防止体重增加。常用的清除行为有用手指抠吐或自发呕吐、过度运动、禁食，滥用利尿剂、泻药、食欲抑制剂和加速机体代谢的药物如甲状腺激素等。暴食 - 清除行为可以反复循环。暴食和补偿性清除行为的秘密性是 BN 的另一特征，其行为常不被家人和朋友注意。此外，BN 患者中还常见偷窃食物及酒精滥用、性紊乱、自伤、自杀企图等冲动行为。

　　BN 和其他精神障碍关系密切，可合并心境障碍、焦虑障碍、物质滥用特别是酒精和兴奋剂滥用，BN 患者人格障碍的共病率较高，主要表现为边缘性、反社会性、表演性和自恋性人格障碍。

　　②躯体障碍

　　BN 的躯体障碍可表现为开始轻微或一过性症状如疲乏、腹胀和便秘等，发展到慢性的、甚至威胁生命的障碍如低钾血症、肾脏功能和心功能损害等。暴食行为可导致一系列胃肠道症状，以恶心、腹痛、腹胀、消化不良和体重增加较为常见，而严重的并发症急性胃破裂较为少见。BN 患者最常用的补偿性清除行为是自我诱导呕吐，可引起一系列严重躯体不适或躯体疾病：胃酸反流导致牙齿腐蚀或溃疡、食管与咽部损害；反复的呕吐可致腮腺和唾液腺肿胀、腮腺炎；自我诱导呕吐时，手指和牙齿及口腔黏膜摩擦或刺激可引起口或手损伤；频繁的呕吐导致 K^+、Cl^-、H^+ 丢失过多，引起低钾、低氯性碱中毒，甚至出现心律失常或肾脏损害；此外，继发性代谢紊乱还可表现为疲乏无力、抽搐和癫痫发作等。BN 的常见躯体合并症还有泻药依赖、慢性胰腺炎等。

（4）诊断

①存在一种持续的难以控制的进食和渴求食物的优势观念，并且患者屈从于短时间内摄入大量的食物的贪食发作。

②至少用下列一种方法抵消食物的发胖作用：自我诱发呕吐；滥用泻药；间歇禁食；使用厌食剂、甲状腺素类制剂或利尿剂。如果是糖尿病患者，可能会放弃胰岛素治疗。

③常有病理性怕胖。

④常有神经性厌食既往史，两者间隔数月至数年不等。

⑤发作性暴食至少每周 2 次，持续 3 个月。

⑥排除神经系统器质性病变所致的暴食以及癫痫、精神分裂症等精神障碍继发的暴食。

有时本症可继发于抑郁症，导致诊断困难或在必要时需并列诊断。

（5）鉴别诊断

①神经性厌食

如果暴食和清除行为单单发生在神经性厌食发作阶段，就不能下神经性贪食的诊断。在该情况下诊断为神经性厌食，暴食－清除型。

②神经系统疾病

一些神经系统疾病或综合征，如癫痫等位性发作、中枢神经系统肿瘤、Klüver－Bucy 综合征、Kleine－Levin 综合征等，也有发作性暴食等表现，通过神经系统体检和相应的检查可进行鉴别。综合征现在已经越来越少，不太可能引起鉴别诊断问题。神经性贪食通常起病于青少年，女性多于男性，而综合症男性多于女性。

③重性抑郁症

患者可出现过量饮食，但没有为减轻体重不恰当的补偿行为，如催吐、导泻等，故与神经性贪食症不同。

④精神分裂症

该症患者可继发暴食行为，患者对此视之默然，无任何控制体重的行为，且有精神分裂症的其他症状。

（6）治疗

对 BN 患者良好的治疗需要多学科专业人员之间密切合作，并且治疗计划的个体化很重要，此外，一个完整的治疗计划应该同时考虑合并的精神障碍，如抑郁症、人格障碍及药物滥用等。治疗目标在于缓解症状，防止复发。根据 BN 患者情况不同，可选择门诊治疗或住院治疗。当患者的精神症状或躯体状况对生命造成威胁，而患者又拒绝住院治疗，必须首先考虑强制性治疗，例如有自杀意念和自杀行为，电解质紊乱、心律失常等状况。BN 躯体并发症相对 AN 较少，多数可在门诊治疗。主要治疗方法有药物治疗、心理治疗和综合治疗。

①药物治疗

BN 的药物治疗研究比 AN 进展快，常用的药物有抗抑郁药、抗惊厥药等，以前者为主。常用的安全的抗抑郁药为选择性 5 - HT 再摄取抑制剂，抗惊厥药苯妥英钠和卡马西平有轻微的抗贪食作用。

②心理治疗

多数心理治疗研究发现，心理干预对 BN 有效，可降低暴食发作次数，改善清除症状。

a. 认知行为治疗（CBT）

CBT 治疗的目标是打破暴食 - 清除恶性循环，控制 BN 症状，预防复发。CBT 方法认为规律进食非常重要，并采用行为技术减少贪食行为，包括回避易发生暴食的各种情形，改变对问题的思维方式，教给患者预防复发的技术等，同时使用自我监测方式详细记录自己的饮食情况。

b. 人际关系心理治疗（IPT）

IPT 并不直接关注 BN 的症状，而专注和矫正"有问题的人际关系"。通过改变 BN 患者人际关系的方式，达到控制和缓解症状的目的，故 IPT 显效慢，需要时间长。系列比较研究发现，CBT 显效快，而 IPT 显效慢，治疗开始 CBT 优于 IPT，随后经 IPT 的 BN 患者症状继续改善；尽管 CBT 和 IPT 起效时间不同，但两种治疗方法疗效相当。

c. 行为治疗（BT）

BT 的治疗方式很多，据报道暴露和反应预防（ERP）治疗对 BN 效果较理想，ERP 治疗源自治疗强迫症的减轻焦虑模式。BN 患者接受 ERP 治疗，绝大部分症状改善甚至达显著改善。长期随访研究发现，CBT 和 IPT 优于 BT，与前两种方法相比，BT 患者易出现复发。

d. 精神动力性心理治疗

虽然 CBT 已经成为治疗 BN 的首选的心理治疗方法，但精神动力性心理治疗（以精神分析理论为基础心理治疗）仍有一定作用，尤其是当限时的心理教育和 CBT 对 BN 无效时，适合采用精神动力性心理治疗。在一项设计严密的 CBT 与动力学治疗的对照研究中，最初，认知行为治疗组的结果较好，但在较长的随访期中，两种治疗方法在疗效上几乎相同。

e. 家庭治疗

在 BN 的治疗中，以支持、教育以及可能的家庭治疗为形式的家庭干预也是需要的。由于 BN 常常是维系家庭平衡的一部分，因此家庭治疗或是结合个别治疗的家庭干预，常常是必须的。

　　f. 团体心理治疗

　　以精神分析为取向的团体心理治疗也是一种有效的辅助治疗方法。

　　③综合治疗

　　在临床工作中为了获得最佳疗效多采用心理治疗合并药物治疗的综合性治疗措施。CBT单独使用或结合药物的治疗效果均优于单独采用药物治疗。此外，部分患者还需躯体支持治疗，规定患者进食时间和进食量，尽量减少或制止呕吐行为，禁用导泻药物；对水电解质代谢紊乱者予以对症处理。

　　（7）预后

　　BN是一种病程波动的慢性疾病。总体而言，BN的预后较AN好。从短期来看，能参与治疗的BN患者超过50%暴食和排泄行为有改善；然而，在改善期间患者并非是毫无症状，病情较轻的一些患者可获得长期缓解。部分患者需收住入院治疗；三年随访时少于三分之一的患者情况良好，超过三分之一的患者症状有一些改善，并且大约三分之一的患者结局较差，症状慢性化。在一些未治疗的BN患者中，自然缓解发生在1至2年后。预后有赖于排泄后果的严重性，即病人是否有电解质紊乱，以及频繁呕吐导致食管炎、淀粉酶血症、唾液腺增生肿大和牙齿溃疡等并发症的程度。有边缘型、自恋型、表演型和反社会型人格障碍、冲动素质和低自尊者预后差。BN死亡率低，呈慢性化发展，最常见的死亡原因是交通事故和自杀。

　　2. 饮食障碍

　　（1）定义

　　饮食障碍包括厌食，贪食，偏食等，以神经性厌食较多见。

神经性厌食是由心理因素引起的长期不愿进食、资源节和明显体重减轻为特征的一种常见的心身疾病。

（2）因素

引起神经性厌食的因素很多，有社会文化因素，如以苗条为美的社会文化习俗，以 10~20 岁女性多见。也有忧郁社会环境改变造成的，多发生于儿童，如儿童入托进幼稚园等。还有精神动力因素及生理因素的干扰。也有人热内丘脑下部机能障碍引起的神经内分泌中枢功能失调时神经性厌食的基础。

（3）转化

Cantwell 等提出慢性异常摄食行为是变异了情感障碍。一般神经厌食者都表现出于年龄相比较为幼稚和不成熟的性格，常表现为胆怯，保守，疑病，焦虑等，早期可能有癔病倾向。伴有贪食诱吐的神经性厌食者人格障碍突出，MMPI 的抑郁，癔症，精神病质，偏执及精神分裂症较高，大多较为外向，情绪不稳定，多有攻击性，冲动性。

（4）影响

神经性厌食对躯体有很大影响，最初表现为食欲减退，逐渐对任何食物都不敢兴趣，劝其进食可引起恶心或以各种借口加以拒绝，甚至将食物暗中抛弃。

由于进食少导致体重减轻、逐渐消瘦、出现头晕、乏力、手足发凉甚至紫绀、体温低、心率慢、血压低、贫血、维生素缺乏、顽固性便秘、女性闭经、男性性功能减退，少数表现为恶病质可合并感染，衰竭甚至死亡。

在治疗上除使用抗抑郁、焦虑等药物辅助外，以心理治疗为主；采用认知行为矫正技术。

食欲和饮食行为的增加或减少，是常见的临床症状。见于处于某种心理状态的健康人，也见于患躯体疾病或有精神障碍的人。饮食障碍有多种不同的表现。须作仔细的鉴别诊断并根据情况作出处理。

3. 神经性厌食

神经性厌食（AN）指个体通过节食等手段，有意造成并维持体重明显低于正常标准为特征的一种进食障碍，属于精神科领域中"与心理因素相关的生理障碍"一类。其主要特征是以强烈害怕体重增加和发胖为特点的对体重和体型的极度关注，盲目追求苗条，体重显著减轻，常有营养不良、代谢和内分泌紊乱，如女性出现闭经。严重患者可因极度营养不良而出现恶病质状态、机体衰竭从而危及生命，5%～15%的患者最后死于心脏并发症、多器官功能衰竭、继发感染、自杀等。

AN 的发病年龄及性别特征国内外相仿。主要见于 13～20 岁之间的年轻女性，其发病的两个高峰为 13～14 岁和 17～18 或 20 岁，30 岁后发病者少见，围绝经期女性偶可罹及；AN 病人中男性仅有 5%～10%，男女比例为 1：10。在欧美，女性 AN 的终生患病率为 0.5%～3.7%；AN 的年发病率为 3.70‰～4.06‰。AN 在高社会阶层中比低社会阶层中更普遍，发达国家高于发展中国家，城市高于农村。

（1）病因

AN 的病因学复杂，为多因素疾病，涉及社会文化、心理学和生物学等多方面。

过去，AN 常常被认为是与西欧和北美文化密切相关的疾病；但近年来，随着全球化的发展，广告业飞速发展、饮食习惯发生改变、健身行业大量涌现以及妇女社会角色发生转变，有越来越多的证据表明，许多非西方社会也均有 AN 的报导。在西方国家，存在着"苗条"的文化压力，大量的媒体信息和营销策略营造出节食促进成功这样的氛围，女孩在她们早年社会化过程中就认为苗条的女性比胖的女性更具有吸引力、更成功。

AN患者病前可有一定的性格特征，比如低自尊、完美主义、刻板固执、保守欠灵活、敏感多虑、严谨耿直、内向拘谨、胆怯退缩、多动好胜、自尊心强、自我中心、不合群、幼稚、好幻想、不能坚持己见、犹豫不决等，对成功或成就的要求非常高。临床资料证实，人际关系紧张，学习、生活遭受挫折，压力过大，新环境适应不良，家庭不和睦，家庭成员发生意外，重病或死亡，以及自身的意外事件导致精神情绪抑制因素与AN有关。一些儿童平时偏食、挑食、好吃零食等不良饮食习惯，父母有过度关注子女饮食，反复唠叨，强迫进食，反而降低了儿童摄食中枢的兴奋性，进而发展为AN。

遗传因素在AN的发病中起一定作用，这由家系研究和双生子研究证实，不过，AN的遗传方式和基因位点尚未确立。有关AN的神经生物学已展开了深入研究，涉及的神经递质有5-羟色胺（5-HT）、去甲肾上腺素（NE）、多巴胺（DA）等，AN还存在多种神经内分泌异常，多种激素或神经肽与食欲、饱感有关，并且不同激素或神经肽之间存在多种复杂的相互作用；对大多数的神经内分泌失调而言，它们是状态相关的，往往在临床恢复后亦恢复正常。脑影像学方面，有多项CT研究显示AN患者在长期饥饿时有CSF间隙扩大（脑沟和脑室扩大），有一项研究发现体重增加后又恢复；功能影像研究发现AN患者额叶和顶叶皮层代谢和灌注降低，并推测局部5-HT功能紊乱。

（2）临床表现

①心理和行为障碍

主要包括追求病理性苗条和多种认知歪曲症状。

AN 患者并非真正厌食，而是为了达到所谓的"苗条"而忍饥挨饿，其食欲一直存在。患者为控制体重、保持苗条的体形而开始节食或减肥。常见的方法有限制进食，为限制每日热量，通常吃得很少；还有进食后抠吐或呕吐，进行过度体育锻炼，滥用泻药、减肥药等。

AN 患者存在对自身体像认知歪曲，过度关注自己的体型和体重，尽管与多数人一样，甚至非常消瘦，仍坚持认为自己非常肥胖。AN 患者对自身胃肠刺激、躯体感受的认知也表现出异常，否认饥饿，否认疲劳感；对自身的情绪状态如愤怒和压抑亦缺乏正确的认识。否认病情是该症的另一个显著特征，患者拒绝求医和治疗，常常由家属发现其消瘦、进食甚少、腹部不适、长期便秘、闭经等问题而带其到医院就诊。

此外，AN 可伴有抑郁心境、情绪不稳定、社交退缩、易激惹、失眠、性兴趣减退或缺乏、强迫症状。还可表现为过分关注在公共场合进食，常有无能感，过度限制自己主动的情感表达。10%～20%的 AN 患者承认有窃食行为；30%～50%的患者有发作性贪食。

②生理障碍

AN 患者长期处于饥饿状态，能量摄入不足而产生营养不良，导致机体出现各种功能障碍，其营养不良导致的躯体并发症累及到全身各个系统。症状的严重程度与营养状况密切相关。

常见症状有：畏寒、便秘、胃胀、恶心、呕吐、嗳气等胃肠道症状，疲乏无力、眩晕、晕厥、心慌、心悸、气短、胸痛、头昏眼花、停经（未口服避孕药）、性欲减低、不孕、睡眠质量下降、早醒。

（3）诊断

①明显的体重减轻比正常平均体重减轻 15% 以上，或者 Quetelet 体质量指数为 17.5 或更低，或在青春前期不能达到所期望的躯体增长标准，并有发育延迟或停止。

②自己故意造成体重减轻，至少有下列 1 项：1）回避"导致发胖的食物"；2）自我诱发呕吐；3）自我引发排便；4）过度运动；5）服用厌食剂或利尿剂等。

③常可有病理性怕胖：异乎寻常地害怕发胖，病人给自己制订一个过低的体重界限，这个界值远远低于其病前医生认为是适度的或健康的体重。

④常可有下丘脑－垂体－性腺轴的广泛内分泌紊乱。女性表现为闭经（停经至少已 3 个连续月经周期，但妇女如用激素替代治疗可出现持续阴道出血，最常见的是用避孕药），男性表现为性兴趣丧失或性功能低下。

⑤症状至少已 3 个月。

⑥可有间歇发作的暴饮暴食。

⑦排除躯体疾病所致的体重减轻（如脑瘤、肠道疾病例如 Crohn 病或吸收不良综合征等）。

正常体重期望值可用身高厘米数减 105，得正常平均体重公斤数；或用 Quetelet 体质量指数 = 体重千克数／身高米数的平方进行评估。

4. 压力源

又称应激源或紧张源，是指对个体的适应能力进行挑战，促进个体产生压力反应的因素。包括：

（1）生物性压力源

这是一组直接阻碍和破坏个体生存与种族延续的事件。包括躯体疾病创伤或疾病、饥饿、性剥夺、睡眠剥夺、噪音、气温变化等。

（2）精神性压力源

这是一组直接阻碍和破坏个体正常精神需求的内在事件和外在事件。包括错误的认识结构、个体不良经验、道德冲突及长期生活经历造成的不良个性心理特点等。

（3）社会环境性压力源

这是一组直接阻碍和破坏个体社会需求的事件。分为两方面：纯社会性的，如重大社会变革、重要人际关系破裂、家庭长期冲突、战争、被监禁等；由自身状况造成的人际适应问题等。

5．合理情绪疗法

合理情绪治疗（Rational – Emotive Therapy，简称 RET）是本世纪50年代由阿尔伯特·艾利斯（A．ElliS）在美国创立的。合理情绪治疗是认知心理治疗中的一种疗法。

合理情绪疗法的基本理论主要是 ABC 理论，在 ABC 理论模式中，A 是指诱发性事件；B 是指个体在遇到诱发事件之后相应而生的信念，即他对这一事件的看法、解释和评价；C 是指特定情景下，个体的情绪及行为结果。通常人们认为，人的情绪的行为反应是直接由诱发性事件 A 引起的，即 A 引起了 C。ABC 理论指出，诱发性事件 A 只是引起情绪及行为反应的间接原因，而人们对诱发性事件所持的信念、看法、理解 B 才是引起人的情绪及行为反应的更直接的原因。人们的情绪及行为反应与人们对事物的想法、看法有关。在这些想法和看法背后，有着人们对一类事物的共同看法，这就是信念。合理的信念会引起人们对事物的适当的、适度的情绪反应；而不合理的信念则相反，会导致不适当的情绪和行为反应。当人们坚持某些不合理的信念，长期处于不良的情绪状态之中时，最终将会导致情绪障碍的产生。

6. 不合理信念

韦斯勒（R. A. Wessler）经过归纳研究，总结出了不合理信念的几个特征：

（1）绝对化要求：是指人们以自己的意愿为出发点，对某一事物怀有认为其必定会发生或不会发生的信念，它通常与"必须"，"应该"这类字眼连在一起。比如："我必须获得成功"，"别人必须很好地对待我"，"生活应该是很容易的"等等。怀有这样信念的人极易陷入情绪困扰中，因为客观事物的发生、发展都有其规律，是不以人的意志为转移的。合理情绪疗法就是要帮助他们改变这种极端的思维方式，认识其绝对化要求的不合理、不现实之处；帮助他们学会以合理的方法去看待自己和周围的人与事物，以减少他们陷入情绪障碍的可能性。

（2）过分概括化：这是一种以偏概全、以一概十的不合理思维方式的表现。艾利斯曾说过，过分概括化是不合逻辑的，就好像以一本书的封面来判定其内容的好坏一样。过分概括化的一个方面是人们对其自身的不合理的评价。如当面对失败就是极坏的结果时，往往会认为自己"一无是处"、"一钱不值"、是"废物"等。以自己做的某一件事或某几件事的结果来评价自己整个人、评价自己作为人的价值，其结果常常会导致自责自罪、自卑自弃的心理及焦虑和抑郁情绪的产生。过分概括化的另一个方面是对他人的不合理评价，即别人稍有差错就认为他很坏、一无是处等。

（3）糟糕至极：这是一种认为如果一件不好的事发生了，将是非常可怕、非常糟糕，甚至是一场灾难的想法。这将导致个体陷入极端不良的情绪体验如耻辱、自责自罪、焦虑、悲观、抑郁的恶性循环之中，而难以自拔。当一个人讲什么事情都糟透了、糟极了的时候，对他来说往往意味着碰到的是最最坏的事情，是一种灭顶之灾。

在人们不合理的信念中，往往都可以找到上述 3 种特征。每个人都会或多或少地具有不合理的思维与信念，而那些严重情绪障碍的人这种不合理思维的倾向尤为明显。情绪障碍一旦形成，往往是难以自拔的，此时就极需进行治疗。

五、心得体会

当暴食作为压力释放的一种方式而存在的时候，了解产生压力的原因并进行适当的疏导，建立合理的认知模式和解决问题模式，则神经性贪食症自然治愈。

追求上进有错吗

一、案例介绍

我的秘密

我是小杰，今年20岁了，别人眼中花一样的年纪，但是我相信自己的心理年龄绝对不止于此。从小学到现在，我都是老师心目中的好学生，学习好，能力强，一直担任学生干部，不过估计在同学的眼里我可能就不怎么样了，他们可能会认为我高傲，势力吧，不过我不在乎，我很上进，也很努力，我要提高自己的能力，以后凭着我的真本事创造自己的世界，还要给我的爸爸妈妈提供好的晚年生活条件，虽然我最不愿意提起和想起的人就是我的妈妈。

我的妈妈在生了我之后不久就生了精神病，这种病是遗传的，我的外公和一个阿姨都是这种病，我妈妈的四个兄弟姐妹中只有一个哥哥和一个妹妹是健康的，因为这件事我一直不能原谅我妈妈，很为我爸爸叫冤，如果他们没有隐瞒病情那么我爸爸就不会和我妈妈结婚，那么我也就不用受这份委屈了。爸爸是个性格懦弱的人，话不多，对妈妈的照顾是很细心的，不过妈妈总是惹事，有时候要把她关在家里。记得6岁时，爸爸去工作了，妈妈衣衫不整的跑到外面去，被人欺负和人吵架，我去把她接回来后就站在大门口防止别人进来打她，那个时候真是羞愧的要死掉了，妈妈太让人丢脸了！所以，我不喜欢和她说话也不喜欢听她说话。现在，我妈妈只有四十多岁，她的头发基本全白了，不会穿衣服，自己打扮得很丑，有时看不住还会很不得体的出门，走在路上会经常捡垃圾玩，很明显是精神不正常的样子，我痛恨她那个样子，很讨厌她，不和她讲话，出门也不愿意和她走在一起，如果一家人出去的话，基本上都是我和爸爸在前面，她一个人在后面，我和爸爸聊天的时候，她也很想插话，但是我们都不理她。我也特别受不了她对我好，不喜欢听她对我说话，我从来没有和别人讲过我家的事情，我虽然知道自己不应该这样对妈妈，但是我控制不住。

我要成功

因为我妈妈生病，爸爸的收入也不高，我家的经济状况在所有亲戚中是最差的，妈妈那边的亲戚经常会帮助我们，但是我其实是特别讨厌他们的帮助的，因为每次都让我觉得很难过，有一种被施舍的感觉，看到舅舅和阿姨家的姐姐和弟弟我更加觉得不平衡，我要更加努力，今后要让他们对我、对我家刮目相看，在高中的时候我学习是三个孩子中最好的，他们也因此对我家比较客气，但是高考我考砸了，我都难以相信自己的成绩，依照我的想法我是一定要复读的，但是资助我读书的亲戚们不同意，不愿意再浪费钱，而且也好像不相信我能考好一样，所以我来了学校，既然来了，我就要更加努力，我相信凭借我的努力我依然可以成为一个能力素质很强的人，所以我积极参加系里和学校里的各项招新活动，用心学好专业课程，我多年的学生干部素养让我在新生中脱颖而出，成为了系里唯一的担任学生会正部长的新生，系里老师对我也很器重，在学校招募志愿者的活动中，我也是系里唯一被选上的新生，学校里的种种成功让我有被承认的感觉，我喜欢这种感觉，我要成功，我要为了我的梦想不断完善自己！

我的困惑

在我原来的观念里，学习是第一位的，工作是第二位的，朋友是不重要的，而且我也不在乎，为了学习和工作我可以将与朋友交流的时间压缩到最少，要花费时间去聊天、逛街对我而言是巨大的浪费。但是现在我特别希望能够有几个好朋友，能和宿舍人关系火热，能得到班级同学的肯定，这也是我目前最大的困难和困惑。最初入校的两个月时间里，我和宿舍人和班级同学关系都不错，甚至有三个比较谈得来的朋友，但是渐渐的我越来越忙了，我和大家交流的时间就少了，拒绝她们的次数多了，她们也就不再找我了，慢慢的都形成了固定的团队，因为在工作中的顺利，我说话也有些狂妄了，伤害了那三个朋友，现在宿舍人基本不和我一起，班级同学也一致认定我是一个目的性特别强的人，什么荣誉都要抢，是班级里的危险分子，是一个特别势力、世故的人，那三个朋友全部都不理我了，我特别难过，我知道今后在社会上发展，人际交往能力是非常重要的一部分，而且大学老师评价学生干部的能力也是要看她的凝聚力的，我现在特别害怕一个人走在路上被熟人看到，也害怕迎面碰到班级其他宿舍的人同进同出或碰到宿舍另三个人在一起。我追求上进就是势力、就是世故吗？我现在在班级都不敢太多表现自己了，我觉得自己的人际交往能力太差，而且这种不好的影响已经蔓延到了我在系里的工作和老师对我评价，我不希望这样！

不过在和其他班级的人交往的时候，我就没有这种无力感，尤其是那些本科班的同学，我觉得我们有很多的共同话题，但是和专科班的同学就没有办法交流，为什么差别就这么大呢，我宿舍的人每天谈论的话题就是那些八卦或者男生，我真的和她们没什么共同语言怎么办呢？

二、案例分析

1. 因为家庭状况的不济，形成补偿的心理防御机制

在学习和自我要求方面很高，形成争强好胜的性格，小杰希望通过自己的努力获得社会的认可，改变家庭的经济状况和在别人心目中的印象，目标非常明确。

2. 家庭情况导致小杰自尊心更强、更为脆弱，具体体现为争抢好胜的性格和难以接受亲戚的帮助

因为妈妈的不合时宜的举动和遭受到别人的嘲笑，小杰的自尊心更为脆弱也更为敏感，亲戚的帮助在她看来是施舍，所以对亲戚的言谈举止更为在意，选择性过滤为亲戚对自己家是瞧不起的，更加排斥亲戚的帮助，处理不好和他们的关系，也更希望在亲戚面前表现得优秀一些。

3. 因急于获得社会认可，人际交往状况的不如意引发了过度焦虑

小杰判断事情重要与否的参照系为社会的判断，在高中之前学习是最重要的，到了大学之后，社会的参照系变得更为多元，人际关系也成为了重要的组成部分，但是在小杰还没有转变过来或者习得建立人际关系的能力的时候，她已经破坏了自己在班级的人际关系，当她意识到人际关系的重要性之后，对这部分自己的不足之处更为在意，甚至夸大成为了最重要的事情，对自己的评价直线下降，引发了强烈的焦虑情绪。

4. 对母亲情感方面存在本我与超我的强烈冲突与矛盾引

发内心焦虑、愧疚情绪，成为自我意识中的症结

在小杰的内心中她是讨厌妈妈的，埋怨妈妈给自己和爸爸带来的那么多的困扰，所以在情感上她是难以接受妈妈的，但是在理智上，她的道德观念是不允许她这样做的，她希望自己的家庭和别人的家庭一样可以是其乐融融的景象，她深深谴责自己对妈妈的行为，但是无力去改变这一现状，这种本我和超我的矛盾成为了内心的症结，经常隐隐作痛，不敢触及。

三、治疗方法

1. 了解引发起焦虑情绪的根源：为满足社会判断还是真正需要人际交往

小杰前来寻求帮助是因为自己的人际关系方面存在问题，通过了解发现她的真正困扰来自人际关系不良引发的焦虑情绪，焦虑的根源在于能否获得社会认可，如果仅仅为获得社会认可去建立人际关系，那么她同学反映的她不够真诚，目的性、功利性就很真实的反映了她的现状，没有必要让自己内心愤愤不平了，如果是因为真正需要朋友的温暖，那么就要去学习交朋友的技巧，不能急于迅速建立良好的人际关系网络，以真诚去对待同学，用心去感悟同学的优点，而非用专科升、本科生这些外在的标准来划分同学，经过分析，小杰认识其实自己原来瞧不起这些同学，看不到她们的优点，更何谈真心的交流与接受，而且自己的内心中也是真正希望能够有知心的朋友的。

2. 认知行为治疗调整不合理认知

经了解，在小杰的认知体系中存在较多的自动思维，如"我要得到所有人的肯定"、"亲戚是瞧不起我假的"、"一个人走就是人际关系不好"、"人际关系不好就意味着个人能力不

强，不能成功"、"谈八卦就是没有追求"、"陪别人聊天逛街是巨大的浪费"等，这些自动思维背后就是绝对化、糟糕至极、以偏概全的不合理认知，采用认知行为疗法调整不合理认知，建立合理的认知体系。

3. 角色扮演、行为治疗的方法等教授人际交往技巧

在同学的关系中，通过角色扮演教授小杰在面对同学人际关系困境时候的技巧和方法，通过建立预案来防范有可能出现的困境，并主动行动去弥补曾经对同学造成的伤害，有意识增加与同学交流的时间和机会；在与妈妈的关系中，学习用成人的观点看待妈妈的境遇，给妈妈染头发，走路的时候请爸爸拉着妈妈的手，自己拉着爸爸的手，不给妈妈捡垃圾的机会，在妈妈与自己说话的时候看着妈妈等。

四、知识链接

1. 补偿心理

补偿心理是一种心理适应机制，个体在适应社会的过程中总有一些偏差，为求得到补偿。从心理学上看，这种补偿，其实就是一种"移位"，即为克服自己生理上的缺陷或心理上的自卑，而发展自己其他方面的长处、优势，赶上或走过他人的一种心理适应机制，正是这一心理机制的作用，自卑感就成了许多成功人士成功的动力，成了他们超越自我的"涡轮增压"，而"生理缺陷"愈大的人，他们的自卑感也愈强，寻求补偿的愿望就愈大，成就大业的本钱就愈多。

在补偿心理的作用下，自卑感具有使人前进的反弹力。由于自卑，人们会清楚甚至过分地意识到自己的不足，这就促使其努力学习别人的长处，弥补自己的不足，从而使其性格受到磨砺，而坚强的性格正是获取成功的心理基础。心理补偿是一

种使人转败为胜的机制，如果运用得当，将有助于人生境界的拓展。但应注意两点：一是不可好高骛远，追求不可能实现的补偿目标；二是不要受赌气情绪的驱使。只有积极的心理补偿，才能激励自己达到更高的人生目标。

2. 焦虑

焦虑是指一种缺乏明显客观原因的内心不安或无根据的恐惧。预期即将面临不良处境的一种紧张情绪，表现为持续性精神紧张（紧张、担忧、不安全感）或发作性惊恐状态（运动性不安、小动作增多、坐卧不宁、或激动哭泣），常伴有自主神经功能失调表现（口干、胸闷、心悸、出冷汗、双手震颤、厌食、便秘等）。焦虑时一定会有不合理的思维存在，正是其不合理的思维维持着精神的紧张和身体的不正常反应。也可以说，不合理思维是焦虑的本质。

3. 本我、自我、超我

在心理动力学中，本我、自我与超我是由精神分析学家佛洛伊德之结构理论所提出，精神的三大部分。1923 年，弗洛伊德提出相关概念，以解释意识和潜意识的形成和相互关系。"本我"（完全潜意识）代表欲望，受意识遏抑；"自我"（大部分有意识）负责处理现实世界的事情；"超我"（部分有意识）是良知或内在的道德判断。

洛伊德认为人格结构由本我、自我、超我三部分组成。本我即原我，是指原始的自己，包含生存所需的基本欲望、冲动和生命力。本我是一切心理能量之源，本我按快乐原则行事，它不理会社会道德、外在的行为规范，它唯一的要求是获得快乐，避免痛苦，本我的目标乃是求得个体的舒适，生存及繁殖，它是无意识的，不被个体所觉察。自我是现实中的自我，介于本我和外部世界之间，按照现实原则行事，是意识的个体；超我是道德化的自我即良心、理性，按照理智原则、完美原则行事，是人格结构中的管制者，属于人格结构中的道德部份。

4. 角色扮演

角色扮演技术是指在咨询过程中，咨询员为了协助当事人觉察与情绪、体验相关人物的感觉与想法、学习新行为与预演即将面对的情境，由当事人扮演相关人物，进入他们的经验中，来达到以上的目的。是疏解与治疗技术的一种，角色扮演技术受到三种治疗取向的影响，分别为心理剧、固定角色治疗、行为演练。角色扮演技术的步骤包括：

（1）当事人描述问题时，咨询员从当事人的描述中，找出可以使用角色扮演技术的情境。

（2）确定可以使用角色扮演技术的情境后，请当事人重演事件经过，并且扮演不同的角色。

（3）当事人进入每一个角色的内在世界后，咨询员需要协助当事人体验该角色的感觉、想法与行为。

（4）如果当事人无法进入某一个角色时，咨询员应该先处理阻碍当事人进入该角色的障碍。障碍去除后，当事人再扮演该角色。

5. 行为疗法

（1）概念

行为疗法也叫行为矫正法，它是建立在行为学习理论基础上的一种心理咨询方法。其基本认识是：异常行为和正常行为一样，是通过学习、训练后天培养而获得的，自然也可以通过学习和训练来改变或消失。行为疗法是所有心理咨询方法中应用最广的一种，其中包括了许多经典的具体方法，包括系统脱敏法、满灌疗法、满灌疗法、代币法、放松疗法。

（2）理论基础

行为治疗的概念最早有斯金纳和利得斯莱于 20 世纪 50 年代提出。

行为治疗以实验心理学及心理学中行为学派的理论和观点为基础，其理论渊源主要来自四个方面：

①Pavlov 经典条件反射学说有关实验性神经症模型的理论，强调条件化刺激和反应的联系及其后继反应规律，解释行为的建立、改变和消退。

②Sknner 的操作条件反射学说，阐明"奖励性"或"惩罚性"操作条件对行为的塑造。

③Bandura 及 Watson 的学习理论，前者强调社会性学习对行为的影响，后者认为任何行为都是可以习得或弃掉的。

④Jacom 的再教育论认为病态行为可通过教育改变和改造。

（3）适应范围

①恐怖症、强迫症和焦虑症等神经症。

②抽动症、肌痉挛、口吃、咬指甲和遗尿症等习得性的不良习惯。

③贪食、厌食、烟酒和药物成瘾等自控不良行为。

④阳痿、早泄、阴道痉挛、性感或性乐缺乏等性功能障碍。

⑤恋物癖、异性服装癖、露阴癖等性变态。

⑥慢性精神分裂症和精神发育迟缓的某些不良行为。

⑦轻性抑郁状态及持久的情绪反应等。

（4）基本原则

①以普通心理学中的学习原理为基础，无需引入特别的理论假说

②否认行为的遗传和本能的作用，认为环境和教育决定一切，也决定症状的形成和消退

③在研究题材上和治疗上只重视可观察当事人的外显行为，即使是内隐的语言习惯也被认为是由外显的语言习惯逐渐演变而来的

④认为变态行为和正常行为之间并无质的区别，而只是数量上的差异，即过剩和不足，行为治疗的实质就是消退过剩的反应，建立缺乏和不足的反应，即"去其有余，或补其不足"

⑤人格是一切动作的总和，是各种习惯系统的最后产物，重建人格就是建立新的行为习惯

⑥行为治疗只需就事论事，不必考虑深层的原因。

（5）治疗步骤

①确定需要治疗的靶行为

②具体描述分析靶行为，如有多个靶行为，要确定治疗的先后顺序与最佳方案

③与被治疗者一道确定治疗的具体实施方案

④指导当事人如何实施方案

（6）主要方法

①系统脱敏法

这一方法于本世纪 50 年代由精神病学家沃尔帕所创。它是整个行为疗法中最早被系统应用的方法之一。最初，沃尔帕是在动物实验中应用此法的。他把一只猫置于笼子里，每当食物出现引起猫的进食反应时，即施以强烈电击。多次重复后，猫即产生强烈的恐惧反应，拒绝进食。最后发展到对笼子和实验室内的整个环境都产生恐惧反应。即形成了所谓"实验性恐怖症"。然后，沃尔帕用系统脱敏法对猫进行矫治，逐渐使猫消除恐惧反应，只要不再有电击，最终回到笼中就食也不再

产生恐惧。此后，沃尔帕便把系统脱敏疗法广泛运用于人类的临床实践。实施这种疗法时，首先要深入了解患者的异常行为表现（如焦虑和恐惧）是由什么样的刺激情境引起的，把所有焦虑反应由弱到强按次序排列成"焦虑阶层"。然后教会患者一种与焦虑、恐惧相抗衡的反应方式，即松弛反应，使患者感到轻松而解除焦虑；进而把松弛反应技术逐步地、有系统地和那些由弱到强的焦虑阶层同时配对出现，形成交互抑制情境（即逐步地使松弛反应去抑制那些较弱的焦虑反应，然后抑制那些较强的焦虑反应）。这样循序渐进地，有系统地把那些由于不良条件反射（即学习）而形成的、强弱不同的焦虑反应，由弱到强一个一个地予以消除，最后把最强烈的焦虑反应（即我们所要治疗的靶行为）也予以消除（即脱敏）。异常行为被克服了，患者也重新建立了一种习惯于接触有害刺激而不再敏感的正常行为，这就是系统脱敏疗法。它在临床上多用于治疗恐怖症、强迫性神经症以及某些适应不良性行为。

②厌恶疗法

厌恶疗法是一种帮助人们（包括患者）将所要戒除的靶行为（或症状）同某种使人厌恶

行为治疗相关书籍的或惩罚性的刺激结合起来，通过厌恶性条件作用，从而达到戒除或减少靶行为出现的目的。这一疗法也是行为治疗中最早和最广泛地被应用的方法之一。在临床上多用于戒除吸烟、吸毒、酗酒、各种性行为异常和某些适应不良性行为，也可以用于治疗某些强迫症。

厌恶刺激可采用疼痛刺激（如橡皮圈弹痛刺激和电刺激）、催吐剂（如阿朴吗啡）和令人难以忍受的气味或声响刺激等，也可以采取食物剥夺或社会交往剥夺措施等，还可以通过想象作用使人在头脑中出现极端憎厌或无法接受的想象场面，从而达到厌恶刺激强化的目的。例如，要戒除酗酒的不良行为，可以在酗酒者个人生活习惯中最喜欢喝酒的时刻进行，使用催吐吗啡或电击等惩罚性刺激，造成对酒的厌恶反应，从而阻止并消除原来酗酒的不良行为。又如，戒烟，可以采用"戒烟糖"、"戒烟漱口水"等，都可以直接或间接使吸烟者在吸烟时感觉到一种难受的气味，而对吸烟产生厌恶感，以至最终放弃吸烟的不良行为。

③行为塑造法

行为塑造法（shaping）。这是根据斯金纳的操作条件反射原理设计出来的，目的在于通过强化（即奖励）而造成某种期望出现的良好行为的一项行为治疗技术。一般采用逐步进级的作业，并在完成作业时按情况给予奖励（即强化），以促使增加出现期望获得的良好行为的次数。有人认为最有效的强化因子（即奖励方法）之一是行为记录表，即要求患者把自己每小时所取得的进展正确记录下来，并画成图表。这样做本身就是对行为改善的一种强大推动力。根据图表所示的进展，治疗者还可应用其它强化因子，当作业成绩超过一定的指标时即给予表扬或奖励。此外，还可采用让患者得到喜爱的食物或娱乐等办法，通过这种方式来塑造新的行为，以取代旧的、异常的行为。为了使治疗效果得以保持和巩固，在应用这一治疗方法时，需要特别注意如何帮助患者把在特定治疗情境中学会的行为转换到家庭或工作的日常生活现实环境中来。此法的适用范围包括孤独症儿童说话，改善或消除恐怖症、神经性厌食症、肥胖症及其他神经症的行为；也可以用来改善或促进精神分裂症病人的社交和工作的行为；在社会教育中，可用于对低能者的训练以及用于治疗某些性功能障碍等。

④代币制疗法

代币制疗法。这是在斯金纳的操作条件反射理论，特别是条件强化原理的基础上形成并完善起来的一种行为疗法。它通过某种奖励系统，在病人做出预期的良好行为表现时，马上就能获得奖励，即可得到强化，从而使患者所表现的良好行为得以形成和巩固，同时使其不良行为得以消退。

代币作为阳性强化物，可以用不同的形式表示，如用记分卡、筹码和证券等象征性的方式。代币应该具有现实生活中"钱币"那样的功能，即可换取多种多样的奖励物品或患者所感兴趣的活动，从而获得价值。用代币作为强化物的优点在于不受时间和空间的限制，使用起来极为便利，还可进行连续的强化；只要患者出现预期的行为，强化马上就能实现；用代币去换取不同的实物，从而可满足受奖者的某种偏好，可避免对实物本身作为强化物的那种满足感，而不致于降低追求强化（奖励）的动机。并且在患者出现不良行为时还可扣回代币，使阳性强化和阴性强化同时起作用而造成双重强化的效果。

代币制疗法不仅可用于个体，而且可在集体行为矫治中实施。可以在医院，也可以在学校中广泛使用，甚至可在精神病院、在特殊教育的班级中以及在工读学校、管教所和监狱中使用。临床实践表明，在多动症儿童、药瘾者和酒癖者等的矫治中，在衰退的精神病人的康复中代币制疗法都有良好的效果。

⑤暴露疗法

暴露疗法。这是一种主要用于治疗恐怖症的行为治疗技术。其治疗原则是让患者较长时间地想象恐怖的观念或置身于严重恐怖的环境，从而达到消退恐惧的目的。1967 年斯坦夫尔和列维斯首先报告一种使患者逐步暴露于恐怖情境来治疗恐怖症的行为疗法，这便是最早使用的暴露疗法，但当时称为爆破疗法。此法与系统脱敏疗法有某些共同之处，如都需要让患者接触恐怖的对象（事物或情境）。但它们之间又有不同之处：在暴露疗法实施过程中，恐怖情境出现时无需采用松弛或其他对抗恐怖的措施。暴露疗法需让患者暴露于恐怖情境的时间较长，如治疗严重的广场恐怖并伴有严重焦虑的患者，每次治疗时间约需 2 小时或更长。系统脱敏法一般仅能对较轻的恐怖症有效；而暴露疗法则常用于治疗严重的患者。④暴露疗法不仅可用于个别治疗，还可用于集体治疗。如对广场恐怖症可对 5—6 名患者同时进行治疗，即同时暴露于恐怖情境，疗效与个别应用时相同。

⑥松弛反应训练

松弛反应训练，这是一种通过自我调整训练，由身体放松进而导致整个身心放松，以对抗由于心理应激而引起交感神经兴奋的紧张反应，从而达到消除紧张和强身祛病目的的行为训练技术。一般的松弛反应训练方法，使用较多的是雅可布松所首创的渐进性松弛法。此法可使被试者学会交替收缩或放松自己的骨骼肌群，同时能体验到自身肌肉的紧张和松弛的程度以及有意识地去感受四肢和躯体的松紧、轻重和冷暖的程度，从而取得松静的效果。我国的气功、印度的瑜珈和日本的坐禅等都能起到类似的作用。一般认为，不论何种松弛反应训练技术，只要产生松弛反应都必须包含四种成份：a. 安静的环境；b. 被动、舒适的姿势；c. 心情平静，肌肉放松；d. 精神内守（一般通过重复默念一种声音，一个词或一个短句来实现）。

据国内外的实验研究证实，松弛反应训练能产生如下的生理效应：交感神经系统活动降低，耗氧量降低，心率、呼吸率减慢，收缩压下降，脑电波多呈 a 波等。因此，一般说来，能产生松弛反应的疗法，都能对抗紧张和焦虑。松弛反应疗法由于简便易行，还可以自我训练，故它不仅是系统脱敏法的一个重要环节；而且与生物反馈仪并用可收到生物反馈治疗单独进行时所得不到的效果；对于高血压、失眠、头痛、心律失常以及各种由于心理应激（紧张）所造成的疾患都有良好的疗效。今天，各种松弛反应训练技术在世界各国已广泛地成为人们用以增强体质，预防和治疗疾病，特别是慢性病的一种有效方法。而且还广泛地运用于体育竞赛、文艺表演以及一切可能产生紧张、焦虑的情境，以对抗紧张和焦虑，从而保持和发挥良好的竞赛和表演效果。

五、心得体会

结合社会标准，完善自己是当代大学生的教育内容之一，但如果只是为了获得社会认可，内心并未真正理解其要义，挫折就在前面！

我的妈妈是巫婆

一、案例介绍

我是世界上最差劲的人

小文，山东人，男生，经新生心理测试筛查存在较高的焦虑和抑郁情况，请他来咨询室接受随访，按照约定时间，他准时出现在了咨询室门口，脸色偏黄，具有浓厚的书生气质，不似山东人的粗犷，小文很有礼貌也能够感觉到他的紧张，双手一直紧紧握在一起，说话的时候基本上是低着头。

我请他谈谈入校两月来的基本情况，他对专业、学校、管理模式、同学基本上都是认同的，但是他对自己非常不满意，经常会出现"我很懒、我很馋、我很笨、我很差劲、谁都比我强"的语言，小文说虽然自己的家庭条件并不好，爸爸妈妈赚钱不容易，但是自己依然很想吃好吃的，而且不大考虑家庭的因素，基本都会买来给自己吃，和同学在一起的时候，自己和别人的想法都不一样，别人很少会赞同自己的观点。

我的家是人间地狱

在小文小的时候，爸爸一直在外打工赚钱，妈妈带着自己和弟弟一起生活，妈妈是脾气很暴躁的人，经常会对自己发脾气，即使是自己在外面被人欺负了，妈妈知道了之后也会狠狠的打自己一顿，认为自己又给她添麻烦了，有很多次，妈妈在大街上狠狠的打自己，那种羞辱的感觉一直留在小文的脑海里，所以他在外面即使被人欺负也不会反抗，否则会遭受到双倍的惩罚，小文认为自己现在的性格那么懦弱就是因为妈妈造成的，自己的家一点温暖的感觉都没有，他是很疼爱弟弟的，如果弟弟犯了什么过错，他会努力帮助弟弟开脱，但是如果自己被妈妈惩罚，弟弟只会站在旁边嘲笑自己，在他的印象中，家就是一个人间地狱。

我的性格是妈妈造成的

在 15 岁之前，妈妈还经常打小文，上高中之后，就不再打他了，但是小文觉得自己懦弱的性格已经形成了，而且这种懦弱的性格对自己的影响太大了，所以他恨妈妈，上高中之后他就经常和妈妈吵架，经常指责妈妈对自己的伤害，妈妈也意识到了错误，面对自己的指责经常痛苦流涕，但是自己难以原谅她，虽然有时候也觉得自己的指责是没有意义的，但是一旦自己受了委屈马上就开始埋怨妈妈，就恨得要死，一定要打电话和妈妈大吵一架，妈妈甚至都说"如果我死可以让你好起来，不那么恨我的话，我就去死"，这个时候良心的自责又开始了。自高中开始，小文放寒暑假的时候基本不和爸爸妈妈住在一起，他一个人住在原来的老房子里，虽然老房子很破旧，周围也没有人家，但是自己一点都不害怕，只要不回家就好。

二、案例分析

1. 母亲的教养方式导致小文形成了自卑的性格和回避的处理问题方式

作为独自带两个孩子的妈妈，妈妈有很多不如意之处，这种不如意转化为了她对孩子的严厉教育，不惹祸是她对孩子的基本要求，但是无论是招惹别人还是被人欺负在母亲的眼里都是一样的，她会以严厉的惩罚来教训孩子，这种不分缘由的简单粗暴的教养方式和不分场合的惩罚使小文的自尊心受到极大的伤害，他认为妈妈这么生气都是因为自己的错，自己是一个一无是处的孩子，在面对挑衅的时候也最好学会忍受，否则惩罚会是双倍的，小文的自卑性格和回避的处理问题方式就这样养成了。

2. 小文的痛苦除了来自对自己的不满之外主要是自己对母亲的态度方面

对自己的性格，小文是极度不满的，他希望自己是有血性的人，希望自己是自信的人，但是找不到可以让自己自信的优点，遇到问题马上又条件反射一样的逃避起来，像个胆小鬼，这些都让他愤怒，这些愤怒让他孔土万分，终于他找到了这些情绪的出口，那就是妈妈，是自己的妈妈造成了这一切，都是她的错，但是对妈妈的这种抱怨又让自己心生内疚，因为妈妈也不容易，这双重的痛苦折磨让小文的内心负荷太重了。

3. 调整小文的态度和增强自信心是主要的处理方法

培养自信心，学习解决问题的方法可以帮助小文产生良好的自我体验，少些自我谴责，同时调整小文与妈妈之间的关系，让小文不再逃避的面对妈妈是同样重要的。

三、治疗方法

1. 认知疗法调整自我意识偏低的认知偏差

小文存在许多自动思维，如"我很笨"、"我很懒"、"我很馋"、"我很差劲"、"谁都比我强"，均反映了自我意识偏低的认知偏差，经过了解小文读书较多，思想在同学当中属于比较深刻的，比较有见解，上课回答老师问题的时候是他感觉最好的时候，在辩论的时候同学们也趋向于接纳他的观点，通过对质、提问、检验假设、积极自我对话等技术寻找以偏概全的不合理信念并帮助小文正确认识自己。

2. 空椅子技术宣泄负性情绪

小文对妈妈的怨恨让他充满自责与无奈，同时也缺乏了改变现状的动力，采用空椅子技术，让他去感受母亲当年的无奈与现在的懊悔，寻找到与母亲的情感共振点，通过换位思考加强对母亲的理解，同时了解到抱怨是对自己没有帮助的，只有发动自己的力量才能改变现状。

3. 选择沙盘玩偶处理与妈妈的症结

请小文在沙盘玩偶中寻找一个可以替代母亲的玩偶，对她讲述自己想说的话，小文先选择了一个跪着的中年妇女把她放在自己的前面但是刚刚开始交流不久，小文就表示他说不下去了，他接受不了这个跪着的妇女。我帮助他选择了一女巫玩偶，小文对着这个玩偶情绪非常激动，他从小时候被打说起，但是突然他边哭边大声喊到"我不敢了，我不敢了，你原谅我吧"。在情绪慢慢缓和之后，他表示自己难以接受赎罪的母亲形象，所以对赎罪的母亲会更加远离，对凶狠的母亲形象存在敬畏与怨恨，现在与妈妈的问题在于自己，会尝试与母亲多一些交流。

四、知识链接

1. 自卑感

（1）概念

自卑感是一种不能自助的复杂情感。有自卑感的人轻视自己，认为无法赶上别人。A. 阿德勒对自卑感有特殊的解释，称其为自卑情结。他对于这个词主要有两种相联系的用法：首先，自卑情结指以一个人认为自己的能力或自己的环境和天赋不如别人的自卑观念为核心的潜意识欲望、情感所组成的一种复杂心理。是驱使人成为优越的力量，又是反复失败的结果。自卑情感，可通过调整认识，增强信心和给予支持而消除。这种心理表现为对自己缺乏一种正确的认识，在交往中缺乏自信（主要因素），办事无胆量，畏首畏尾，随声附和，没有自己的主见，一遇到有错误的事情就以为是自己不好。这样导致他们失去交往的勇气和信心。

（2）学术研究

1910 年，阿德勒把他理论的重点从真正的胜利自卑感转向"主观的自卑感"，或自卑感。这时的补偿或过度补偿都直接指向真实的或想象的自卑。在他建立理论的那个时期，他放弃生物学而转向研究心理学，他认为任何引起自卑感的东西都是值得研究的课题。

阿德勒指出，一切人在开始生活时候，都具有自卑感，因为儿童的生存都要完全依赖成年人。儿童与那些所依赖的强壮的成年人相比感到极其无能。这种虚弱、自卑的情感激起儿童追求力量的强烈愿望，从而克服自卑感。在阿德勒理论发展的时期，他强调攻击和力量是克服自卑感的手段。

不幸的是，或者可能主要由于阿德勒创立理论时的文化条件背景，他把权力和力量与男性等同，把虚弱和自卑与女性等同起来。

"……任何不受禁令约束的攻击、敏捷、能力、权力的形式，和任何勇敢、自由、侵犯、残暴的特质都可以看作是男性所具有的品质。而一切束缚、缺陷、懦弱、屈从、穷困和那些

相类似的特质都可以看作女性品质。"（阿德勒 1910，1956，第 47 页）

在阿德勒理论发展时期，在他看来，变成更有力量就意指为具有更多的男性品质，因此更少地带有女性品质。他把这种追求更多的男性品质称为男性反抗。既然男性和女性都为了克服自卑感而追求是自身变得更有力量，所以他们都企图实现男性特征的文化思想。换句话说，男性和女性多致力与男性反抗。

自卑感是坏事吗？阿德勒对此矢口否认。事实上，要成其为人就意味着感到自卑。这对于一切人都是共同的，所以，他并不是懦弱或者异常的现象。实际上，这种情感是隐藏在所有个人成就后面的主要动力。一个人由于感到自卑才推动他去完成某些事业。在某人获得一项成就时候就能体验到一种短暂的成功感，但是与别人获得的成就相比较，有使他产生自卑感，这样就又激起他去争取更大的成就，由此反复有无止境。

（3）正负面作用

尽管自卑感对所有积极的成长起着一种激励作用，但是它们也会导致精神病症。一个人能被自卑感弄得心灰意冷，以至达到万念俱灭，百事皆休的地步。在这种情况下，自卑感是一种阻碍因素而不是以一种激励因素对积极的现实发挥作用的。这样的人被认为存有自卑情结。按照阿德勒的理论，一切人都会感受到自卑感，但是在一些人身上他会引起精神病症，而在另一些人身上却产生了对成就的需求。

自卑的人通常都会拿自己的缺点和别人的优点相比，总是觉得自己处处不如别人，看不到自己的价值，长此以往，就会产生一种悲观厌世的情绪。因为找不到自己的价值所在，所以容易对生活失去希望，严重自卑的人甚至会有轻生的念头。

自卑感是产生自我封闭心理的根源，而且是在青少年时代埋藏的祸根。父母是孩子第一任老师，而老师又是学生的领路人和心目中的权威。因此，父母与教师对孩子的评价都会对孩子产生巨大的影响，特别是贬抑性的评价：如"太笨"、"脑瓜不开窍"、"饭桶"、"蠢驴"等，都可能严重挫伤孩子的自尊心，使他产生自卑感。渐渐地蔓延、扩散，从而产生错误的心理定势，引发出人际关系障碍和许多行为上的困扰，妨碍学习、生活和人际交往这些活动的正常进行。这种病态心理如果不能及时而正确的治疗，可能会危害终身。

（4）价值根源

人对自身的状态与素质的认知构成了自我意识，人对自身价值特性的评价就构成了自我情感。人的自我评价虽然在其形式上是对某种具体特性（如相貌、身份、气质、特长、地位等）的自我评价，但在价值本质上是对自身劳动能力及其发展前途的自我评价。由于人的劳动能力越强，其所有活动的价值率就越高，他的中值价值率就越高，那么他对于自己的评价就较高，自我情感的强度就越高，就会形成"自我感觉良好"，因此人对于劳动能力的自我评价归根到底是对其中值价值率的自我评价。

人在进行自我评价时，必须首先选定一个参照物，通常选定某个最亲近、最现实、具有最大利益相关性的他人或社会平均水平作为参照物，即把自身的中值价值率与他人（或社会一般人）的中值价值率进行比较，从而产生自我情感。两者的差值越大，自我情感的强度就越高，因此一个人的自我情感的强度性在根本上取决于自我价值的强度性。

自我情感分为自卑感和自豪感两种：当自己的中值价值率小于社会的中值价值率（或比较对象的中值价值率）时，人

就会产生自卑感；当自己的中值价值率大于社会的中值价值率
（或比较对象的中值价值率）时，人就会产生自豪感。自卑感
的极端形式就是自暴自弃，自豪感的极端形式就是目空一切、
不可一世，这些极端的自我情感容易使人产生极端的思想或极
端的行为而走向毁灭。

（5）价值功能

自卑感的客观作用在于引导人主动地与他人进行合作，并
自觉地服从他人的管理，虚心地听从他人的建议或忠告，努力
地学习他人的长处；自豪感的客观作用在于引导人被动地等待
或消极地应付与他人的合作，尽可能地要求他人服从自己的管
理，千方百计地说服他人听从自己的建议或忠告。

人只有正确评价自己和他人，树立正确的自我情感，才能
正确认识自己在社会中的地位和作用，才能正确处理与他人的
利益关系，才能迅速有效地发展自己的劳动能力。例如，人要
想正确选择在什么样的生产领域或消费领域与什么样的他人进
行合作，用什么样的方式进行合作，在合作过程中是服从他人
的管理，还是请求他人服从自己的管理，行为方式是以他人为
楷模，还是以自己为楷模，等等，就必须充分正确了解自己和
他人的价值特性及劳动能力。由于自我情感是以他人或社会的
中值价值率为参照物，人通常只有在正确地认识和评价他人之
后，才能正确认识自己，即认识自己往往比认识他人更为复杂
和困难，所以古人云：人贵有自知之明。

适当的自卑感与自豪感将有助于引导人正确处理与他人的
利益关系，有利于维护自己的正当利益。在日常的人际交往
中，人应该善于以正常的、健康的心理状态与精神面貌正视自
己所取得的成绩和所面临的困难，客观而准确地看待他人的能
力、地位及财富，既不能因自己一时的幸运而狂妄自大，也不

因自己一时的失败而悲观失望；既不能因为他人一时的落魄而低眼瞧人，也不能因为他人一时的得意而低三下四，应该使自己时刻保持不亢不卑、不骄不躁、平衡而稳定的心理状态和精神面貌，真正做到贫贱不移、富贵不淫、威武不屈

（6）相关解释

一种不能自助和软弱的复杂情感。有自卑感的人轻视自己，认为无法赶上别人。A. 阿德勒对自卑感有特殊的解释，称其为自卑情结。他对于这个词主要有两种相联系的用法：首先，自卑情结指以一个人认为自己或自己的环境不如别人的自卑观念为核心的潜意识欲望、情感所组成的一种复杂心理。阿德勒认为一个人在心理功能方面的缺陷可以在其他方面得到补偿。一个人最重要的动机是在集体中得到承认和有适当的地位。其次，自卑情结指一个人由于不能或不愿进行奋斗而形成的文饰作用。自卑情结是由婴幼儿时期的无能状态和对别人的依赖而引起的，所以对人有普遍意义。人试图补偿自卑感而真正地或想象地胜过他人。自卑感既是驱使人成为优越的力量，又是反复失败的结果。自卑情感，可通过调整认识，增强信心和给予支持而消除。

（7）解决方法

自卑在心理学上，是指一种自我否定，主要是低估自己的能力，觉得自己各方面不如人，可以说这是一种性格的缺陷。主要的表现在于对自己的能力、品质评价过低，还会有一些特殊的情绪体现，如害羞、不安、内疚、忧郁、失望等。

长时间的自卑，不但会造成心理上的不健康，也会导致生理上出现亚健康状态，具体的危害在于会使人心理上情绪低沉，郁郁寡欢，常因害怕别人看不起自己而不愿与人来往，只想与人疏远，缺少朋友，顾影自怜，甚至自疚、自责；自卑的

人，缺乏自信，优柔寡断，毫无竞争意识，抓不到稍纵即逝的各种机会，享受不到成功的欢愉等。而在生理上会导致免疫系统功能下降，抗病能力也随之下降，从而使人的生理过程发生改变，出现各种病症，如头痛、乏力、焦虑、反应迟钝、记忆力减退。

自卑并不可怕，只要你掌握了一些方法，那么完全可以克服你的自卑心理，让你成为一个有自信的人，下面问渠心理网就带你一起来看一看，如何克服自卑心理！

①正确认识自己

学会从多角度看问题，全面辩证地看待和评价自己，不仅要如实地看到自己的短处，也要恰如其分地看到自己的长处，切不可因自己的某些不如人之处而看不到自己的如人之处和过人之处。要多去发现自己的长处，树立自信心。要用理性的态度面对失败和挫折，做到大志不改，不因挫折而放弃追求。善于挖掘自己的潜能、利用自身的特点，大胆尝试，勇于拼搏。一个人只有客观地评价自己和他人，与他们进行正确的社会比较，才有助于肯定自己，才可能克服自卑感。

②正确地归因

不能因一次失败，就认为自己能力不行。殊不知这次失败的原因很可能是多方面的，不一定是能力不足造成的。

③自我鼓励

当你在干一件事之前，首先应有勇气，坚信自己能干好。但在具体施行时，应考虑可能遇到的困难。这样即使你失败了，也会由于事先在心理上做了准备而不致造成心理上的大起大落，导致心理失调。善于运用表扬与肯定的方法树立自己的自信心。在工作、学习、思想方面的积极表现、正确做法和细微的进步，要采取一定的方式给予及时的、恰当的评价和鼓励，并对自己提出新的要求，从而使自己受到鼓舞，增强自信心。在批评其缺点或错误时，也要适当的肯定其积极因素，做到批评中有鼓励。自卑的人一般都比较敏感脆弱，经不起挫折的打击。因此应当注意，要善于自我满足，知足常乐。在学习上，目标不要定得太高。适宜的目标，可以使你获得成功，这对自己来说是一种最好的激励，有利于提高自己的自信心。之后，可以适当调整目标，争取第二次、第三次成功。在不断成功的激励中，不断增强自信心。

④运用积极的自我暗示

当遇到某些情况感到信心不足时，不妨运用语言暗示："别人行，我也能行。""别人能成功，我也能成功。"从而增强自己改变现状的信心。经常回忆因自己努力而成功了的事，或合理想象将要取得的成功，以此激发自信心。

⑤学会对比

在与别人比较时，为了避免自卑心理的产生，应该选择与自己各方面相类似的人、事比较。否则与自己悬殊太大，或者拿自己的弱点与别人的优点相比，总免不了自卑感。与人比较时要讲究"可比性"——选择适当的参照系，否则只有"人比人，气死人"。扬长避短。例如苏格拉底其貌不扬，于是在思想上痛下功夫，最后在哲学领域大放异彩。

2. 空椅子技术

空椅子技术是格式塔流派常用的一种技术，是使来方者的内射外显的方式之一。这种技术常常运用两张椅子，要求来访者坐在其中的一张，扮演一个"胜利者"，然后再换坐到另一张椅子上，扮演一个"失败者"，以此让来访者所扮演的两方持续进行对话。

通过这种方法，可使来访者充分地体验冲突，而由于来访者在角色扮演中能从不同的角度接纳和整合"胜利者"与"失败者",因此冲突可得到解决。通过两部分的对话,使人们内在的对立与冲突获得解决。通过两部分的对话,使人们内在的对立与冲突获得较高层次的整合,即学习去接纳这种对立的存在并使之并存,而不是要去消除一个人的某些人格特质。

心理学上,将空椅子技术分为三种形式:

第一种是"倾述宣泄式"。

这种形式一般只需要一张椅子,把这张椅子放在来访者的面前,假定某人坐在这张椅子上。来访者把自己对内想要对他说却没来得及说的话,表达出来,从而使内心趋于平和。这种形式主要应用于三个方面:

(1)恋人、亲人或者朋友由于某种原因离开自己或者去世,来访者因为他们的离去感到特别悲伤、痛苦,甚至悲痛欲绝,却无法找到合适的途径进行排遣。

(2)空椅子所代表的人曾经伤害、误解或者责怪过来访者,来访者由于各方面的原因,又不能直接将负面情绪发泄出来,郁结于心的情感,此时可以通过对空椅子的指责,甚至漫骂,从而使来访者获得内心的平衡。

(3)椅子代表的人是来访者非常亲密或者值得来访者信赖的人,来访者由于种种原因,无法或者不便直接向其倾述。

第二种叫"自我对话式"。

就是自我存在冲突的两个部分展开对话,假如来访者内心有很大的冲突,又不知道如何解决时,放两张空椅子在来访者面前,坐在一张椅子上,就扮演自己的某一部分,坐在另外一张椅子上,就扮演自己的另一部分,依次进行对话,从而达到内心的整合。这种形式主要应用于两个方面:

(1)由于种种原因,来访者认为自己本应该做的事情,却没有做，引起了不好或者严重的后果时，产生了强烈的内疚感、负罪感和自责心理。此时，利用空椅子技术，让来访者自己与自己展开对话，从而降低内疚感。

（2）面对各种各样的选择，很难下定决心或者处于人生的十字路口不知道何去何从时，来访者会因此逃避现实，甚至通过烟酒或者其它方式来麻醉自己。此时，运用空椅子技术，让来访者自己与自己展开对话，澄清自己的价值观，分析各种选择的利弊，找到解决问题的途径。

第三种叫"他人对话式"。

它用于自己与他人之间的对话，操作时可放两张椅子在来访者面前，坐到一张椅子上面时，就扮演自己；坐在另一张椅子上时，就扮演别人，两者展开对话，从而可以站在别人的角度考虑问题，然后去理解别人。它主要应用于两个方面：

（1）来访者以自我为中心，不能或者无法去体谅、理解或者宽容别人，因此存在人际交往方面的困难，自己却找不到原因。此时，运用空椅子技术，让自己和他人之间展开对话，让来访者设身处地站在他人的角度思考问题，从而领悟，找到人际交往困难的原因。

（2）来访者存在社交恐惧，不敢或者害怕和他人交往。此时运用空椅子技术，模拟人际交往的场景，让来访者在这种类似真实的情境当中减轻恐惧和焦虑，学会或者掌握与人交往的技巧。

3. 沙盘游戏治疗

（1）定义

沙盘游戏治疗（sandplay therapy）是由荣格的学生多拉·卡尔夫创立的一种心理分析专业技术，自从 1985 年国际沙盘游戏治疗学会（ISST）成立以来，逐渐发展为一种以心理分析为基础的独立的心理治疗体系，成为艺术治疗和表现性治疗的主流之一，被荣格心理分析、人本主义治疗、格式塔治疗和动力整合性治疗等广泛采用。并在临床心理学界、心理咨询与心理治疗第一线得以推广和应用。这种心理治疗方法与技术，能够广泛地适应诸多心理疾病的治疗，在培养自信与人格，发展想象力和创造力等方面具有积极的效果和作用。自从其问世以来，逐渐获得国际临床心理学界的推崇，被公认为最具有效果的心理治疗方法之一。

一粒沙是一个世界，这是智者的见地。沙盘中展现着一个奇妙的心理世界，这是沙盘游戏治疗的真实体验。把无形的心理事实以某种适当的象征性的方式呈现出来，从而获得治疗与治愈，获得创造与发展，以及自性化的体验，便是沙盘世界的无穷魅力和动人的力量所在。

申荷永教授等在国际沙盘游戏治疗学会（ISST）的帮助下。1995年左右将沙盘游戏治疗技术带入国内，1998年开始在广东陆续建立了20余所沙盘游戏治疗专业工作室，范围从幼儿、小学、中学到大学，以及社会上独立的专业心理工作室，带出10多位以沙盘游戏治疗为主要技术的专业研究生，并且与国际沙盘游戏治疗学会合作，举办了系列性的沙盘游戏治疗专业培训。从国内发表的10余篇有关沙盘游戏治疗的专业论文来看，将专业的沙盘游戏治疗技术与学校心理健康教育的结合是国内发展的一种趋势，并且得到了国际沙盘游戏治疗学会的肯定。同时，沙盘游戏治疗也是一种综合性的心理治疗技术，成为了广大心理咨询工作者的重要学习内容和重要的专业技术。

（2）形成过程

沙盘游戏理论与操作可以追溯到上个世纪前十年，其时，

H·G·Wells 观察自己的两个儿子在地板上玩缩微模具，他发现数次自发性的游戏之后，孩子们身上一直存在的问题消失了，而且他们与其他家庭成员之间的关系也得到了很好的改善。他受到了极大启发，在进一步观察与研究基础上写成了《地板上的游戏》一书。在该书中，Wells 将这种游戏的意义描述为：它不但使孩子们每天都在一起玩得很开心，而且还为他们以后的生活建立了一种广阔的、激励人心的思维模式，走向未来的人将会从幼儿园的地板上获得新的力量。20 年后，玛格丽特·洛温菲尔德（MargaretLowenfeld），伦敦的一位儿童精神病学家试图寻找一种方法以帮助儿童更好地表达"无法用言语表达"的内在情感或者身心状态。她记得曾经读过 Wells 的《地板上的游戏》，于是便在诊所游戏室的架子上增添了一些缩微模具。见到这些模具的第一个孩子就将它们拿到游戏室内的沙盒上，开始在沙子上玩弄这些模具。因此可以说是一个儿童"发明"了这项后来被洛温菲尔德称为"游戏天地技术"的技术（Lowenfeld，1979）。洛温菲尔德为儿童的情感和精神状态的表达提供了一种可以客观记录与分析的方法。

当多拉·卡拉夫，瑞士的荣格分析学家获悉流行于英国的这项工作时，她便去了伦敦，悉心向洛温菲尔德学习。卡拉夫很快发现，该技术不仅可以帮助儿童表达畏惧和愤怒，而且也鼓励与创造转化和自性化的过程，能量的转化和自性化是荣格分析心理学理论体系中的核心概念。为了与游戏天地技术区别开来，卡拉夫将她在前人基础上发展起来的理论与操作命名为"沙盘游戏"（Kalff。1980）。随着研究的深入，卡拉夫认识到沙盘游戏过程具有自然治疗特征。在此过程中，原型、象征和内在精神世界很容易表现出来，在一个自由、安全的氛围中表现这些客观存在可以促进整体性意象的形成，进而为自性的展现创造机会。卡拉夫进一步认为在沙盘中展示自性非常必要，因为自性是自我发展与加强的基础。当自我—自性之间的联系建立起来后。个体在整体上就会表现得更加平衡与得体。

卡拉夫在欧洲、美国和日本等地举办了无数次演讲、研究和培训班。通过这种实际接触，卡拉夫创设了一个遍布世界各地的应用沙盘游戏治疗的心理治疗团体。1985 年，来自五个不同国家的荣格分析学家和卡拉夫一起创办了国际沙盘游戏治疗协会，美国沙盘治疗协会（sTA）创立于 1988 年。1991 年《沙盘游戏治疗杂志》正式创刊。目前，国际上有几十个沙盘游戏治疗组织和专业研究机构，沙盘游戏治疗早已作为一种独立的心理治疗体系而存在，并且发挥着积极的影响与作用。

（3）理论背景

①荣格心理分析理论的影响

作为荣格的学生，卡拉夫非常熟悉荣格的心理分析理论：荣格心理分析产生于分析家与被分析者之间的一种辨证关系，分析的目的是为了被分析者心理整合发展，这种发展转化需要潜意识的配合。在心理分析过程中，潜意识的特殊结构及其与意识的动力关系，都会发挥积极作用；转化还依赖于潜意识结构的积极调整，这种潜意识结构在分析开始时影响并控制着意识自我；这种调整性的变化，发生于一系列的原型结构和分析家与被分析者相互作用的动力关系之中。为了促进这种变化，并且使其成为一种意识过程，心理分析家试图在意识自我和潜意识之间建立一座坚实的桥梁。

为了更好地探索个体的无意识材料，同时与这些无意识材料交锋，从而实现促进个体自性发展的目的，受结构主义思想的启发，荣格发明了一种积极想象（activeimagination）技术。积极想象技术是一种通过一定的自我表达形式吸收来自梦境、幻想等无意识内容的方法。它致力于唤醒人格的不同方面（特别是阿妮玛/阿妮姆斯和阴影），然后在无意识与意识之间建立起一种交流。在积极想象的过程中，自性的各个方面逐渐整合，成为一体，对立双方的统一和融合作用最终导致心理转化。

积极想象分为四个阶段。

首先是诱导出宁静的心灵状态，摆脱一切思绪，不作任何判断，只作自然地观察，注视着无意识内容和支离破碎的幻象片断自发地浮现和展开。

然后，用诸如绘画、雕塑、舞蹈或其他的象征表现手法，把这种体验记录下来。

再次，心灵的意识开始积极与无意识对峙。无意识产物的意义及其信息被理解，并与心灵的意识状态和谐一致。

最后，一旦自我和无意识相互妥协，个人能够有意识地生活。

卡拉夫创设的沙盘游戏本质上是积极想象技术的一种变形，完整沙盘游戏过程中的步骤大致对应于积极想象技术的四个阶段。

②纽曼的儿童发展阶段理论

卡拉夫的工作也受到艾里克·纽曼（ErichNeumann），一位杰出的荣格分析学家和发展心理理论家的直接影响。纽曼将幼儿自性发展分为三个阶段：母－婴－体阶段（从出生～1岁）、分离阶段（1～2岁）、自性固化阶段（2～3岁）。卡拉夫将纽曼的发展阶段理论整合进沙盘游戏理论之中，她的理论假设，当一个儿童存在问题时，自性就会因为缺乏母亲的保护或者过度焦虑的保护而无法展现出来，或者由于诸如战争、疾病、或其他外部环境的干扰，正常的发展无法展开，儿童未充分跨越纽曼划分的自性形成的三阶段。卡拉夫相信，如果自性的整体格局没有在生命早期形成，那么它会在后来生命中的任意阶段被激活，而沙盘游戏能够促使自性的展现，只要治疗师可以营造自由和安全的环境。这种治疗性环境再现了最初的母婴一体阶段，创造了一种内在的平静，其中包含了整体人格发展的倾向. 包括智慧与精神方面。

③中国文化与沙盘游戏

卡尔夫在其代表著作《沙盘游戏治疗：心灵的治疗途径》（1980，2003）一书中，把中国宋代新儒学的奠基者周敦颐的太极图作为理解沙盘游戏治疗运作的重要理论基础，并且发挥与阐述了其中新儒学的综合性哲学思想。在几次重要的演讲和出版的专著中，卡尔夫都把周敦颐的太极图作为其沙盘游戏治疗的重要理论基础。卡尔夫自己说："在我研究中国思想的时候，遇到了（周敦颐的）太极图。在我看来，这与我关于沙盘游戏治疗的思想是相互应和的……第一个象征无极的圆圈，好比出生时的自我；其次是阴阳运作而产生五行的圆圈，这正蕴含了自我的表现过程，包含了形成意识自我与人格发展的心理能量；太极图的第三个圆圈，可以比作自性化过程（individuation）的开始；而太极图的第四个圆圈，正反映了心理分析中的转化（transformation）。一种生命的周而复始的象征。"

太极八卦和阴阳五行，一直是卡尔夫所追求的沙盘游戏治疗的本质性内涵，以及其作为方法技术的内在核心结构。自我的产生、意识自我与人格的发展、自性化的出现与进程以及转化和自性化的实现，正是荣格分析心理学以及沙盘游戏治疗与治愈中的关键。卡尔夫十分自信地说："太极图的这些意象告诉我们，在悠久的文化传统中，我们可以从个体的发展模式中，看到我们生命的物质与心理律动。因而我认为，我们对于儿童和成人的所有心理治疗，都应该很好地参考这一观点。"

（4）应用

①沙盘游戏的设施要求

首先，要有一间专门用来进行沙盘游戏的房间，里面放置着沙盘、人或物的缩微模型以及水罐或其他盛水器具等沙盘游戏的必需物品。水罐的作用是装一些水，放在沙盘旁边随手可得的地方，以备需要将沙弄湿时用。人或物的缩微模型则

是一些能代表人、动物、植物或其他类似的小玩具模型。它们的种类应该比较丰富，能尽量满足沙盘游戏者的各种需求，比如能代表各种文化，无论是东方文明、西方文明，还是历史人物、当今潮流，都应该有相应的模型能给予表现，甚至是一些史前文化的物品、想象中的动物等等。另外，海陆空的各种交通工具也应包括在内。

沙盘是一种特殊的装着沙子的供人在上面进行建造活动的盒子，一般被放在低矮的桌子上。常用的沙盘的大小为7米长、5.5米宽、1.1米高。它的底和边框被漆成天蓝色，并且能防水，里面装的沙子大约是盒子高度的一半。一般沙盘游戏室中至少要配两个沙盘，一个装干沙，一个装湿沙，供来者自由选择。人或物的缩微模型陈列在靠墙摆放的一排架子上.可随意取用。总之.沙盘的大小要能让人目之所及，一眼看到全貌，这有利于集中和加强人的心理注意力。沙子和蓝色的底及边框之间要留有具体的空间。以能挖的深度或建造的高度为标准。同时，提供的各种模型也应该是便于操作，尤其是能够适合包括儿童在内的被试者的操作。

②沙盘游戏的操作过程

面对一个新来的"沙盘游戏者"，辅导师首先要做的工作是在较短的时间内让彼此熟悉起来，取得对自己的信任，同时

初步了解沙盘游戏者的基本情况。然后，辅导师将沙盘游戏者的兴趣逐渐引向沙盘游戏的材料，并明确告诉他，只要他愿意，他可以自由使用它们，自由建造头脑中想象出的任何图景。

沙盘游戏者在玩沙盘游戏的过程中，辅导师通常要坐在一个离沙盘较近的地方，以便及时发现其在建造过程中所泄露出的种种秘密，但这个地方又不能太近，太近了会干扰建造过程。在沙盘游戏完成之前，辅导师最好不要插话，不要问问题，也不要发表自己的个人意见。只是静静地观看。当沙盘游戏完成之后，辅导师要询问每一个形象具体代表着什么，或提出一些其他的问题。既然一个沙盘布景出现了，对它任何进一步的讨论都自然地会围绕着对主题或扩展主题的兴趣展开。面对这带有积极想象的创造性过程，深入地分析理解往往比直接的解释、判断更重要。汉德森（J. Henderson）曾恰当地描绘了这种寻求领悟的态度，认为它介于朋友之间互相分享经历的态度与一个具有神话学知识的注解者工作时的专业态度之间。当然，从严格意义上说，面对某一具体的沙盘布景，只有那些它的创造者才能真正知道它所意味的到底是什么，以及这种游戏的体验到底意味着什么、有什么样的感觉等等。因而，作为一个沙盘游戏法的心理辅导师，仅仅当好一个观察者是不够的，还应该尝试做一个参与者。

③沙盘游戏的作用

面对装着光滑的沙子的平盘，旁边站着值得信任的辅导师，沙盘游戏者的心目中会自然而然地产生很多意象，而那些各种各样人或物的模型，以及对沙子和水的感官经验，也刺激了无意识的发生。沙盘游戏的本质在于唤醒人的无意识及躯体感觉，碰触里面最本源的心理内容。沙能捏造，水能倾倒，火能点燃，空气能流通，沙盘游戏中最基本的流动和平衡，能够反映出人的心灵以及整个自然界的过程。沙盘以及沙盘游戏像一面窗，可以打开人或透视人的心灵，使人能够重新体验前言语和非言语的状态。孩子们在会说话之前已能听懂语言，在回忆之前已能进行再认。成年人们也许已经忘记或者从来就没学会那些表达内部体验的词语。但有时候，他们能凭直觉认出一个人但却想不起为什么认识或这个人究竟是谁。这就是为什么有时沙盘游戏师会说，"让那些模型挑选（pick）你"而不是"你来挑选模型"的原因。

　　沙盘游戏的功效来自生成沙盘布景的过程本身，就像积极想象技术那样，并不关注认知过程或完成的产品。沙盘布景的含义一般在创作过程中不给予解释，这样可以使创作者贴近自己躯体内正经历着的体验并展开丰富的想象。辅导师是一个目击者，也是第一个对沙盘游戏者给予共情反应的人。当二者通过沙盘的中介同时体验到沙盘游戏者的内心世界时，一个共同的时刻就发生了。这种共情有助于容纳和彰显出现的内部体验，以使它能对个人发生持续的作用。当然，作为心理治疗的一个方法，沙盘游戏法也有局限性，因为它有赖于操作者在游戏和想象过程中自己本身治愈力的出现与表现。通常，在进行沙盘游戏疗法时还要附加谈话疗法，谈话疗法承担心理治疗工作的解释方面。

五、心得体会

　　自我意识的形成与家庭教养方式密切相关，在调整来访者自我打击的自动思维的同时，破坏怨恨情感的恶性循环是重要的建设性力量。

宅女的内心独白

一、案例介绍

　　小月在一所私立学校读大二，在读书期间同学一致反映她与同学交流很少，与宿舍同学经常发生矛盾，也因此而调换了三次宿舍，辅导员老师因此多次与她交流，但小月均以自己从小就比较怪，比较固执，不太会与人交往为由解释，进入大二之后，更多次出现旷课现象。她的辅导员通过朋友的渠道联系到我，希望我可以帮助小月。

我是古怪的女孩

　　2008 年 4 月，小月在妈妈的陪同下，来到我的咨询室。她是一个个子小小的女孩子，大概一米四零多一些，虽皮肤不太白，但肤色匀称，面容清秀。进门之后，小月的妈妈主动介绍了她的情况，但可以明显感觉到小月不希望妈妈过多表述自己的情况，对妈妈表现出了明显的不满与不耐烦，妈妈识趣的请小月自己谈，小月要求妈妈暂时离开。在交流的过程中，小月对咨询师是很尊重的，而且也非常乐于倾诉自己的想法，与她辅导员描述的女孩形象完全不符：小月说从小就觉得自己性格古怪，与别人不一样，从初中开始就思考人生的意义是什么，后来发现人生就是受罪，最终都难逃一死，所以就觉得活着没有什么意义，心情一直很糟糕。而且因为自己个子矮小曾受到同学的嘲笑，大人见到自己也经常会貌似关心的问道"这个小姑娘怎么这么小巧啊"，"这个小姑娘年纪很小吧"，这些话都像刺一样深深的伤害了自己，所以在与人交往的时候总是担心别人说自己的坏话，而且当看到别人在讲话的时候也相信别人一定在说自己的坏话，所以希望自己越不被人注意越好，当别人真的伤害了自己，也无能为力，只有独自伤心难过。曾经因为自己的状态去看过心理医生，也吃过药，但感觉效果不明显，对自己帮助不大，希望可以再找到别的办法帮助自己摆脱目前的困境。

我怎么也找不到自己的优点

小月坚持认为自己是古怪、固执的人，在和为数不多的朋友交往的时候也和大家有很多的差别，而且在接受了心理医生的建议之后，自己也发现自我评价太低，曾努力去寻找自己的优点，结果是发现自己真的没有优点：学习成绩不好、个子矮小、比较胖、皮肤黑、性格古怪，自己都对自己有些绝望了，对这么没有优点的人别人怎么可能喜欢呢？

"宅"是我最喜欢的生活方式

现在她不喜欢出门，在家里见到邻居也不愿意打招呼，对同学也不愿意理睬，希望自己是隐形人，所以在学校尽量避免去人多的地方，如食堂、教室，如果有人陪还稍微好一些，如果是一个人，那是无论如何都不肯去的，在家里也只是躲在家里绣十字绣，这是自己最大的爱好，也不太喜欢用电脑，只是做些女孩都愿意做的小手工，她曾经做过一个问卷调查，发现自己是一个超级的宅女，因为凡是能在家解决的事情，她一定不会出门，如果一定要出门，她给自己的范围限制是乘公交车半小时之内的路程，而且最多时间不会超过四个小时，她觉得如果能够让自己宅在家里是最幸福的事情了。

二、案例分析

1. 个子矮小导致自我意识偏低，曾经受到嘲笑加重自卑心理

小月个子比一般女孩子要小些，一米四四，这个身高是让她最难以接受和耿耿于怀的，小月觉得因为自己的个子，在任何的场所她都可能会成为别人关注的焦点，而且这种关注是带着嘲笑的，如果自己能够像其它的女孩一样个子能够长到一米五零也不会如此，因为身高的问题小月对自己的认识明显偏低，对自己所有的品质均持否定态度。而且因在高二和高三的时候受到过同学面对面的嘲笑，她对自己偏低的自我意识形象深信不疑，认为自己是没有优点的会被人嘲笑的对象，自卑心理更加严重。

2. 对外在环境充满恐惧，猜心思验证自己不良想象

因曾经受到过嘲笑，而且自己对自己的不自信，小月对外在环境充满了恐惧，尤其害怕别人的目光对视，只要有人看她，或者感觉别人在看她，就会觉得浑身不自在，她的脑海中就会警钟长鸣，"又有人在嘲笑我了"，所以她的表现会更加不自在，更想逃避，虽然有人劝她她可能太过于多虑了，但是通过别人的表情和眼神，小月坚信自己的想法是正确的，别人确实在嘲笑自己，说自己的坏话。

3. 因对外界环境缺乏应对能力，给自己贴标签产生逃避心理

因为存在人际关系问题，环境适应不良问题，小月找不到

外在的原因，归因于自己的古怪和固执，给自己贴了标签，自此也用此标签为自己所有的不适应开脱，逃避现实问题。

三、治疗方法

1. 以人为中心疗法充分尊重来访者，建立良好咨访关系

因小月存在严重的自卑心理，所以采用来访者中心疗法，给予她充分的尊重和支持，与她建立良好的咨访关系，在耐心倾听的同时，对她的想法表示理解，对她的心情给与共感，让她在倾诉中宣泄不良情绪同时理清自己的思路，为下一步的咨询奠定基础。

2. 认知疗法确定不合理认知

小月存在较多的自动想法，如"他在看我就是嘲笑我"、"别人都在说我的坏话"、"我是古怪的"、"大家都不喜欢我"等，这些自动想法限制了她的人际交往的主动性和积极性，这些自动想法背后的不合理认知具有以偏概全、绝对化和糟糕至极等典型特征，因为高中时期受到同学的嘲笑就认为所有的人都在嘲笑自己的个子问题，因为个子小的问题就否认自己的所有特征，并且认为是人生最大的失败等，通过对质寻找到她的不合理认知，并针对不合理认知分别进行调整。

3. 培养自信心

通过聚宝盆的方法培养小月对自己的自信心，具体做法是：请小月记录自己的优点，请同学帮忙记录她的优点并反馈给她，通过这两种途径转变她对自己的观察角度，不再选择性注意自己并不具备的品质来不断折磨自己，而是去培养和完善自己可以通过努力而达到的品质并不断发扬已经具备的优良品质，如自己是比较善良的，自己具有一双灵巧的双手，自己愿意倾听别人的讲话等。

4. 与人交流验证猜心思的错误，同时增强人际交往技能

小月坚信当别人盯着自己或者在发呆的时候就是在嘲笑自己，在说自己的坏话，所以请小月记录她认为别人讲自己坏话的次数和具体时间地点，并在可能的情况下采访当事人当时的想法以验证她的想法，结果证明当别人盯着小月的时候，目光呆滞，其实并没有看她，而是看向了遥远的远方，想的东西与小月无关，当别人发呆的时候，想法很丰富，但是没有人的想法与小月有关，这样的记录让小月重新审视自己猜别人心思担心自己被嘲笑的想法，并相信这样的想法是可笑的，决定以更加自信和坚定的目光去面对众多的目光，而不再选择逃避。

5. 行为疗法进行人际交往技能训练

在与人交流过程中，小月因一直采用逃避策略而缺乏与人交流和沟通的能力与勇气，在咨询室模拟各种场景，请小月锻炼沟通、表达、拒绝、感谢等各种人际交往技能，并鼓励其在班级、小区里面不断的去尝试和改进，小月采纳了我的建议，现在已经能够自如的与同学邻居进行交流，原来困扰她的人际关系问题不复存在，她的目标是不断提升自己的内在竞争力，增强自己的魅力以弥补个子娇小的不足。

四、知识链接

1. 宅

（1）御宅

宅也是 OTAKU－御宅族的简称。御宅（おたく（Otaku），书写上通常以片假名オタク）这个字在日文字面上的意思是指"你的家"，是一种对对方比较尊敬的称呼。到了 80 年代，当时动漫画迷之间以御宅来互相称呼，例如说"请展示你（御宅）的收藏"。"御宅"比普通的称呼保持距离，同时也暗

示了大家不要太接近

到了现在，御宅是指一些人过分沉迷于某种事物，例如动漫画、游戏等。他们对于自己沉迷的事物无所不知，还每天不断寻找新的资料加以牢记，希望把想知道的事情尽量记入脑中，也不会主动去接触其他的事物。因此，他们完全封闭在自己的世界中，且不觉得自己的行为是没有意义，每天过着很满足的生活。从另一个角度来看，御宅族会寻找某种特别事物作为媒介从而辅助封闭自己。很多时御宅会被认为是难与异性相处，对人欠缺普遍应有的态度，不懂适应社会。亦因此，很多人会把拥有以上特征的人误认成御宅。

（2）宅男宅女

"宅男宅女"是新兴的网络语言，指"痴迷于某事物，依赖电脑与网络，足不出户，厌恶上班或上学"的新新人类，多为80后。

这是宅男宅女一般的定义，其实宅男宅女还有另一种意思，他们虽然天天在家，但是他们也关心国家大事，关心周围发生的小事，国内外的新闻多多少少也会去了解。不出门不等于不知道实事，他们通过网络看新闻，读报……

他们过分沉迷于某种事物，例如动漫、游戏、影碟等。他们完全封闭在自己的世界中，不与陌生人接触，不爱结识新朋友。

他们是自由思想的产物，是网络技术的衍生品。他们高举"自由"与"新人类"大旗，却终日大门不出、二门不迈、深居简出。你可能会觉得奇怪，甚至不可思议，但宅男宅女们从不觉得自己是矛盾体，他们说这只是一种生活方式，他们孤单，但并不孤独。

（3）宅男女的特点

①OTAKU：对动漫，游戏（包括网游），电视剧集，电影以上提到的其中一项有较广的涉猎与较深的造诣的人，且对其有较大迷恋。了解和获取动漫，游戏（包括网游），电视剧集，电影等东西比其他平常人快很多的人，该类人俗称OTAKU，有无该项条件是宅男和准宅男的区分之一。

②依赖介质：获取相关的咨询时大多数极度依赖网络，少部分极度依赖电视，极少部分笨蛋依赖购买光碟。

③消遣方式：平常休息时间常蹲在家里通过电视，网络等手段，通过看和玩动漫，游戏（包括网游），电视剧集，电影作为自己娱乐与消遣的人，如果每天的休息时间你有近4个小时以上呆在家里消遣娱乐的话：恭喜你，欢迎加入宅男女的行列。

④宅男女的社交：宅男女的社交较差，平常几乎很少有什么知心朋友，有也必须对方起码宅一点点，知心朋友最多不会超过5个（多了宅男会觉得麻烦）

⑤宅男女的异性缘：宅男女不热衷于谈恋爱，大多数不屑于谈恋爱，即使机会来了也不怎么想去把握，一是怕交往起来麻烦（跟知心朋友少是一个道理），二是对动漫，游戏（包括网游），电视剧集，电影都已经花去太多的精力和时间了，再没有精力和时间去留给恋爱，三是怕谈恋爱花钱较多，宅男女除非上一辈留给自身的环境好的公子哥型外（这种占少数），无论其有无工作，大多数没什么钱，而花钱的地方又多数与动漫，游戏（包括网游），电视剧集，电影有关，更不可能把有限的资金投在恋爱上。

⑥宅男女的底限：宅男女的最小底限如下：一间房，大小20平方以上，当然得有水有电；一根能连接上互联网的网线；一台无故障的电脑；一个小厕所；一张床，（大小2m×1.5m

以上）；一堆宅男女喜欢吃的食物或零食或烟酒。以上条件如果一直满足下去，并且持续到宅男女老死，宅男女将几乎不离开该房子半步。以上条件如果有哪个不满足，宅男女们会想尽办法满足该条件。这些办法有：还在读书的会伸手向父母要钱满足上面条件，已经工作的会加倍努力工作满足上面条件。

2. 标签效益

当一个人被一种词语名称贴上标签时，他就会作出自我印象管理，使自己的行为与所贴的标签内容一致。这种现象是由于贴上标签后面引起的，故称为"标签效应"。心理学认为，之所以会出现"标签效应"，主要是因为"标签"具有定性导向的作用，无论是"好"是"坏"，它对一个人的"个性意识的自我认同"都有强烈的影响作用。给一个人"贴标签"的结果，往往是使其向"标签"所喻示的方向发展。

3. 对质

对质，也称面质，也有称为对峙或对立，是指咨询者指出来访者自身存在的情感、观念、行为的矛盾，促使其面对或正视这些矛盾的一种语言表达方式。咨询者实施面质，并不在于向来访者说明他说错什么话，做错什么事，不是"指出错误"，而是"反射矛盾"。前者的重心落在纠正错误上，攻击当事人；后者的重心则落在讨论矛盾，帮助当事人。有些来访者处于一种心理防御机制，不愿意承认自己的无能或失败，在谈及自己的问题时显得躲躲闪闪，不肯正视现实。面质的目的就在于协助来访者自我认识，鼓励他们消除过度的心理防御机制，正视自己的问题，从而使问题得到妥善地解决。美国心理辅导专家伊根指出：面质已日益成为心理辅导的核心部分，它促使来访者发现其言行中的种种自我挫败表现，并努力加以克服。面质的意义不在于否定对方，贬低对方，教训对方；而在开启对方，激励对方，使对方学会辩证地看待当前所面临的问题。

因此，在心理咨询中运用面质是非常必要的，面质的意义有以下几点：

①有利于澄清来访者情感、观念以及行为上的矛盾，使咨询者把握来访者真正的感受。

②有利于来访者认识自己对人、事的理解和要求与现实间的差距，促使其自我思考，勇敢面对现实，从而做出行为或认知上的改变。

③有利于来访者认识到自己认知方式与思维方法的误区，消除其认知方式中的某些片面性与主观性。

4. 以人为中心疗法

以人为中心疗法由美国心理学家罗杰斯创立，以人为中心疗法，以现象学、存在主义哲学为基础。

（1）以人为中心疗法的基本假定

人在本质上是可信赖的；人具有不需咨询师的直接干预就能了解及解决自己困扰的极大潜能；只要能投入咨询关系中，人们就能朝向自我引导的方向成长。

（2）以人为中心疗法的人性观

人性最内里的核心，人格的最深层面，其"动物本性"的层面，在本性上是积极的——从根本上说是社会性的，是向前运动的，是理性的，是现实的。

（3）以人为中心疗法的咨询目标

使来访者对他的有机体的经验更加开放；养成对有机体这个敏于生活的工具的信赖感；接受存在于个人内部的评价源；在生活中不断学习，主动参与到一个流动的、前进的过程中去，并从中不断地发现自己的经验之流中新的自我的生成与变化。

（4）以人为中心疗法咨询的充要条件包括

①面对一个问题：首先是来访者遇到了他视之为严重而又有意义的问题情景。

②真诚透明：如果咨询要真正开始，那么处于咨询关系中的咨询师必须成为一个统一整合的即真诚透明的人。"真诚透明"（congruence）这个词用来表示意识与经验的准确匹配。

③无条件积极关注：这意味着要把来访者作为一个独立自主的人予以接纳和关注，允许他拥有自己的情感和体验，并允许他从中发现属于他自己的意义。

④共情理解：感受来访者的私人世界就好像感受你自己的世界，但这绝没失去"好像"这一特点——这就是共情，这对咨询来说似乎是基本的条件。

⑤来访者应能体验到或感受到咨询师的真诚透明、接纳与共情。

罗杰斯认为只要以上5项存在，来访者就会产生积极的变化。

（5）以人为中心疗法的咨询技术

罗杰斯认为，咨询成功的关键在于咨询关系，而非技术。在此基础上，对于有利于咨询师的关注、接纳和共情的技术，如开放性问题、内容/情感回应、澄清等，并不排斥。

（6）以人为中心疗法的应用

以人为中心疗法来自于临床实践。从开始的个体咨询，到团体咨询，以及在教育、企业等领域，应用的范围逐渐扩大。罗杰斯晚年致力于，将其应用于处理国际事务。

5. 人本主义心理学

人本主义心理学兴起于20世纪五、六十年代的美国。由马斯洛创立，以罗杰斯为代表，被称为除行为学派和精神分析以外，心理学上的"第三势力"。人本主义和其它学派最大的不同是特别强调人的正面本质和价值，而并非集中研究人的问题行为，并强调人的成长和发展，称为自我实现。

（1）简介

人本主义于20世纪50年代在美国兴起，60年代开始形成，70~80年代迅速发展，它既反对行为主义把人等同于动物，只研究人的行为，不理解人的内在本性，又批评弗洛伊德只研究神经症和精神病人，不考察正常人心理，因而被称之为心理学的第三种运动。

人本学派强调人的尊严、价值、创造力和自我实现，把人的本性的自我实现归结为潜能的发挥，而潜能是一种类似本能的性质。人本主义最大的贡献是看到了人的心理与人的本质的一致性，主张心理学必须从人的本性出发研究人的心理。

该学派的主要代表人物是马斯洛（1908~1970）和罗杰斯（1902~1987）。马斯洛的主要观点：对人类的基本需要进行了研究和分类，将之与动物的本能加以区别，提出人的需要是分层次发展的；他按照追求目标和满足对象的不同把人的各种需要从低到高安排在一个层次序列的系统中，最低级的需要是生理的需要，这是人所感到要优先满足的需要。罗杰斯的主要观点：在心理治疗实践和心理学理论研究中发展出人格的"自我理论"，并倡导了"患者中心疗法"的心理治疗方法。人类有一种天生的"自我实现"的动机，即一个人发展、扩充和成熟的趋力，它是一个人最大限度地实现自身各种潜能的趋向。

（2）起源

人本主义心理学的起源有很多方面，但主要来自两个领域。一是欧洲影响广泛的存在主义哲学，一是美国心理学家卡尔·罗杰斯和亚拉伯罕·马斯洛的研究。

不少治疗师如罗杰斯、马斯洛等，都认为精神分析学派过于强调病态的行为和过于以决定论作为人的价值基础，缺乏了对行为的意义、正面的成长和发展的探索，因此决意创立一个全新的心理学取向，藉以强调正向的心理发展和个人成长的价值。

同时又加入了存在主义的哲学思想，强调自由、个人决定的价值和人生的意义。存在主义哲学的问世已有几百年，尽管它艰深难懂，特别是没有共同认可的关于存在主义哲学的定义，但它提出了许多问题，例如人存在的意义、自由意志的作用和人的唯一性等，后来成为人本主义心理学的理论基础。

（3）创立者

马斯洛的人本主义心理学

亚伯拉罕·马斯洛（Abraham Harold Maslow，1908～1970）出生于纽约市布鲁克林区。美国社会心理学家、人格理论家和比较心理学家，人本主义心理学的主要发起者和理论家，心理学第三势力的领导人。1926 年进入纽约市立学院攻读法学专业，但由于对于学习法律没有兴趣，第二学期转至麦迪逊大学攻读心理学，在著名比较心理学家哈洛的指导下，1934 年获得哲学博士学位。1935 年在哥伦比亚大学任桑代克学习心理研究工作助理。1937 年任纽约布鲁克林学院副教授。1951 年被聘为布兰迪斯大学心理学教授兼系主任。1969 年离任，成为加利福尼亚劳格林慈善基金会第一任常驻评议员。在布兰迪斯大学任职时，开始对健康人格或自我实现者的心理特征进行研究。曾任美国人格与社会心理学会主席和美国心理学会主席，是《人本主义心理学》和《超个人心理学》两个杂志的首任编辑。

主要著作有：《动机与人格》（1954）、《存在心理学探索》（1962）、《宗教、价值观和高峰体验》（1964）、《科学心理学》（1967）、《人性能达的境界》（1970）等。

（4）理论体系

需要层次

按马斯洛的理论，个体成长发展的内在力量是动机。而动机是由多种不同性质的需要所组成，各种需要之间，有先后顺序与高低层次之分；每一层次的需要与满足，将决定个体人格发展的境界或程度。

①生理需要（physiological need）

生存所必须的基本生理需要，如对食物，水和睡眠和性的需要。

②安全需要（safety need）

包括一个安全和可预测的环境，它相对地可以免除生理和心理的焦虑。

③爱与归属的需要（love and belongingness need）

包括被别人接纳、爱护、关注、鼓励、支持等，如结交朋友，追求爱情，参加团体等。

④尊重需要（esteem need）

包括尊重别人和自我尊重两个方面。

⑤认知的需要（cognitive need）

⑥审美的需要（aesthetic need）

⑦自我实现需要（self - actualization need）

包括实现自身潜能。

在心理学上，需要层次论是解释人格的重要理论，也是解释动机的重要理论。

（5）自我实现

自我实现是马斯洛人格理论的核心。他认为可以将其定义为"不断实现潜能、智能和天资"，定义为"完成天职或称之为天数、命运或禀性"，定义为"更充分的认识、承认了人的内在天性"，定义为"在个人内部不断趋向统一、整合或协同动作的过程"。也就是说，个体之所以存在，之所以有生命意义，就是为了自我实现。马斯洛对自己的学生进行抽样调查，并对历史上和当时仍然健在的著名人物，如斯宾诺莎、贝多芬、歌德、爱因斯坦、林肯、杰弗逊、罗斯福等人进行个案研究，概括出了自我实现的人所共同具有的人格特征：对现实更有效的洞察力和更适意的关系；对自我、他人和自然的接受；行为的自然流露；以问题为中心；超然的独立性：离辟独居的需要；自主性：对文化与环境的独立性；意志；积极的行动者；体验的时时常新；社会感情；自我实现者的人际关系；民主的性格结构；区分手段与目的、善与恶；富有哲理的、善意的幽默感；创造力；对文化适应的对抗。

（6）高峰体验

高峰体验是自我实现的短暂时刻，只有在生活中经常产生高峰体验，才能顺利地达到自我实现。

马斯洛在阐述高峰体验时认为："这种体验是瞬间产生的，压倒一切的敬畏情绪，也可能是转瞬即逝的极度强烈的幸福感，或甚至是欣喜若狂、如痴如醉、欢乐至极的感觉。"许多人都声称自己在这种体验中仿佛窥见了终极的真理、人生的意义和世界的奥秘。人们好像是经过长期的艰苦努力和紧张奋斗而达到了自己的目的地。

"这些美好的瞬间来自爱情，和异性的结合，来自审美感觉，来自创造冲动和创造激情，来自意义重大的领悟和发现，来自女性的自然分娩和对孩子的慈爱，来自与大自然的交融……"

这种高峰体验可能发生于父母子女的天伦情感之中，也可能在事业获得成就或为正义而献身的时刻，也许在饱览自然、浪迹山水的那种"天人合一"的刹那。

五、心得体会

境由心生，悦纳自己，是对个体最大的肯定，自信的人最美！

幻灭的梦

一、案例介绍

我所在的学校实施准军事化管理，学生每日上课需要排队点名，所以对同学旷课迟到等现象掌握的比较准确，同时学校为了加强同学们的纪律意识，也对旷课、迟到的学生进行扣分记录，分数累计到一定程度对应不同的惩罚，并将学生旷课迟到等情况及时上报到系部、学生处，了解学生去向，做到防患于未然。在2007年12月份，法律系的辅导员老师与我交流，一位同学因为连续旷课已经累计扣分达到70多分，按照学校的规定，该生至少要受到留校查看的处分，经了解，该生是因为沉迷网络游戏经常旷课去网吧所致，虽然系部已经与该生交流多次，该生每次也表示能够接受老师的教育，但是事后没有见到任何的改变，辅导员老师希望我能够从心理教育的角度对该生进行咨询，帮助该生回到学习的正轨上来。

在爸爸的强压下我来到这个学校

按照辅导员约定的时间，小李同学准时来到了咨询室，按照当下的评判标准，小李是个帅气的男孩子，当谈及请他来的原因时，他直言不讳是因为上网的事情，但他澄清说自己上网并没有上瘾，只是因为无聊，无事可做，而且自己上网也并没有完全玩《魔兽世界》，更新博客和听音乐是自己花费很多时间去做的事情。小李谈及的"无聊"引发了我很大的兴趣，按照经验，在大一的第一学期是大学生最有激情的一个学期，因为大学生活的新鲜刺激，学生在高考结束轻松之余，最多的兴趣就在于不断去尝试新鲜事务，可能会同时参加多个学生组织和学生社团的评选，但小李为何如此与众不同？这个问题瞬间打开了小李的话匣子，他告诉我自己在高中时候最喜欢的课程是化学，这也是自己花费最多心思去学习的科目，他承认自己并非化学方面的天才，但是因为兴趣，所以他愿意把所有的时间都用在钻研化学题目方面，在高二的时候他已经能够和高三的同学一起去参加全国奥林匹克竞赛并取得了非常不错的成绩，那个时候自己是班级里绝对的权威，每次化学考试发试卷的时候，同学们都直接问第二名是谁，那种被承认被肯定的感觉是非常的舒服的，现在想想都让自己无比留恋，而且因为对化学的偏爱，自己的理科成绩都不错，但是文科就很不擅长，所以他的高考理想是到一个比较好的学校学习化学专业，如果可以，今后就从事和化学相关的工作，那么生活一切都应该是很美好的吧！

为什么和爸爸沟通那么难

在填写高考志愿的时候，小李与爸爸产生了激烈的冲突，爸爸认为选择一个稳定的职业比去追求所谓的兴趣更来得重要，而且也确信以自己多年的经验和阅历，自己的选择是绝对正确的。小李的爸爸是一位身居要职的领导，对他的教育一直以严厉著称，爸爸在家里也是绝对的权威，他只有服从，当他有所反抗的时候，或者没有按照爸爸的要求去学习、生活的时候，爸爸的训斥、惩罚甚至打骂也会接踵而来，因为同学的影响，他会去玩玩流行的《魔兽世界》，甚至逃课去玩，爸爸因此打过自己两次，高考的压力让他将注意力投入到学习中来。在高考志愿的问题上，虽然他据理力争，但是爸爸也寸步不让，在爸爸的强硬态度下和对未来稳定工作的考虑，他接受了爸爸的建议，选择了自己并不擅长的文科专业。大学生活是丰富多彩的，同时也让他看到了很多能力超群的同学，原本的自信心没有了存在的土壤，他感觉非常的不自在，虽然想从头开始，但是不擅长的文科思维让他望而却步，在参加班级竞选的时候，他也因为在军训中表现平平，败得惨烈，这些伤痛让他难以承受，这时远在家乡的兄弟们在网上的召唤显得那么温暖，所以他义无反顾的来到了他们的身边。

我讨厌老师的过多关注

当他在《魔兽世界》中奋勇拼杀的时候，现实生活中的种种不如意全部都不存在了，他不再是没有光环的男孩，不再是班级中不受人关注的同学，他是领袖，是高手，是一呼百应的大人物，虽然在休息的间隙他能够想到旷课的严重后果，但是忘记烦恼的诱惑让他再次选择了掩耳盗铃。爸爸很快知道了他的现状，为了能够让他专心于学习，不再跑到网吧去上网，爸爸限制了他的现金支出，要用钱只能到爸爸指定的老师处去支取，在这样的情况下，他和爸爸斗智斗勇，首先是变卖自己有的笔记本电脑和手机，后来是向同学借钱，最后当无钱可借的时候，借来同学的手机变卖，所以他变成了同学眼中的骗子和危险分子，现实中的孤立让他更加趋向网络的温暖。在这个他与爸爸斗争的过程中，学校的不同老师也频频与他交往，企图对他进行教育，我也是其中之一，小李坦言，虽然他对每个老师都很尊重，都很配合，但是他听不进任何的道理，老师主动找他这件事本身就让他很反感，他讨厌被老师过多关注的感觉，因为这就一直在提醒他"你是一个问题学生"，老师的主动加速了他的阳奉阴违。

"幻灭的梦"在"爱与家庭"中流连忘返

在最初咨询的几次里，他很愿意与我交流，也愿意尝试去面对现实中的问题，而不是逃避，在这当中，学校决定对他多次旷课的情况进行处理给其他同学一个交待同时也维护学校制度的严肃性，这次严重警告虽然已经远远轻于他应收的处分，但这件事进一步摧毁了他脆弱的自尊心，他产生了破罐子破摔的想法，连续一周呆在网吧里，也单方面停止了我们之间的咨询。通过多方面的了解，我知道了他所在的网吧，所以完全以个人身份来到了网吧，他的电脑桌前放着空泡面盒子，几瓶饮料，点着烟的他在《魔兽世界》中奋勇拼杀，我站在他身后静静观看了近四十分钟的时间，他毫无察觉，我注意到他的网名叫做"幻灭的梦"，这个名字是他内心的写照吗？他一直所在的社区叫做"爱与家庭"，"幻灭的梦"在"爱与家庭"中不停厮杀，时而收割顺利，时而不幸牺牲，复活后的他翻过千山万水再次回到这个战场继续他的战斗，这样的场景不停的重复着。当他知道我的存在之后，他直接拒绝了与我交流的想法，我继续欣赏他在游戏中的英勇表现，并经常提问些游戏问题，这渐渐引发了他的兴趣，在二十分钟后他主动提出与我交流。

他承认自己确实存在破罐子破摔的报复心理，虽然知道不应该，但是难以抑制，我从他内心对家庭的依恋、内心追求进步的挣扎和强烈的自尊心与他进行了推心置腹的交流和分享，两天之后，他主动回到学校，在爸爸的申请下到北京专门医院去治疗网络成瘾，在经过一个月的治疗并疯狂自学之后，小李现在已经回到学校，并定期接受心理咨询，虽然有时仍然会过多的玩网络游戏，但是他已经明白幻灭了一个梦想，可以再制造一个更美好的梦想，已经全身心的投入到公务员考试的复习中，而且信心十足。

二、案例分析

1. 独裁型的父亲导致儿子产生严重逆反心理

小李的父亲非常疼爱儿子，但是他的爱更多是以严格要求来体现，他以他的人生阅历和标准去为儿子做最好的安排和指导，在家庭当中是绝对的权威形象。因为担心儿子会走错路，所以他对儿子在严格教育、训斥的同时也会拳脚相向，这种独裁型的教养方式导致儿子对父亲又怕又敬，虽心中感激父亲，但是却无法和父亲亲密接触，而且由于父亲的强硬，虽然会接受父亲的要求，但内心的不满与日俱增，逆反心理越来越严重，甚至达到通过放弃自己来报复父亲的程度。

2. 角色适应困难催生逃避心理

小李在父亲的强制要求下，来到不喜欢的学校，学习不喜欢的专业，虽然最初曾经豪情万丈，希望在新学校有所表现，但是不擅长的文科思维让他望而却步，同学的才能让他自惭形秽，学校的管理制度，让他觉得被束缚，被压抑，他的自信心受到极大的冲击，不敢也不愿面对这样的现实，他也曾经挣扎过，去参加班级的竞选，输了，与同学交流，观点不一致，很难找到知心朋友，在现实面前他无所适从，与高中的自信满满相比较，这种落差他难以承受，于是逃离的想法越来越强烈。

3. 网络里的成就感弥补了现实生活中的不足

在高中的时候，小李就已经是《魔兽世界》的玩家，很多同学也是共同的战友，在那个朋友圈子里，他有着优越的权威地位，同学们依然用曾经的羡慕眼神观望着他，在这个圈子里，他能够寻到当年的美好感觉，现在这些同学都在其大的大学学习，生活轻松自如，会经常约他玩游戏，急于逃离现实的小李找到了最好的去处，在游戏中不断晋级和胜利的快乐感觉让他忘记了现实中的不如意，朋友们的陪伴让他不再感觉孤单，所以周末去网吧，逃课去网吧，爸爸不给钱了，想办法去网吧，网吧成了他美好感觉的来源，成了他与父亲斗气的象征。

三、治疗方法

1. 采用家庭治疗方法扰动家庭结构与沟通模式

小李被家长和老师作为标识病人推进了心理咨询室，但他的问题产生的根源来自家庭，来自父亲的强权和继母无原则的溺爱，如果家庭结构不做改变，父亲与小李的沟通模式不做改变，他的问题会永远存在，父亲的爱也变成了单方面的一厢情愿，儿子接收到的只是被压制、不被尊重的委屈、无奈与愤怒。

2. 认知疗法改变认知偏差，培养对专业的间接兴趣

因为自信心受到伤害，小李对学校的所有课程和同学均持排斥心理，认为自己学不好，对将来从事的工作也提不起兴趣，通过认知疗法调整他以偏盖全的想法，寻找专业课程、工作及他兴趣点之间的想通之处，逐渐改变其不合理认知，并调整其放弃自己报复父亲的不良情绪宣泄方法，以发展的眼光看待专业和工作，培养对专业的间接兴趣。

3. 确立明确的学习生活目标

在入校近一年的时间里，小李基本没有认真学习，许多科

目需要补课，学业的压力也让让他产生畏难情绪，根据事物紧急程度和重要程度帮助他分析和确立学习、生活目标，并设立具体的实施步骤，为公务员考试做好充分的准备，降低了其弥漫的焦虑情绪，明晰了当下的奋斗目标，增强了他的行动力。

4. 加强亲人的监督

在接受治疗之后，小李的学习目标更加明确，学习动力更强，去网吧的次数明显减少，但是仅靠他个人的意志力去对抗游戏乐趣的诱惑是比较危险的，所以亲人能够在旁陪伴并时时督促对于彻底改变生活习惯起重要的作用。小李的爷爷在其后的时间里一直与他生活在一起，自控力与外力的支持双管齐下，收效明显。

5. 给与更大的自主空间

在加强对小李自控力培养的，加大外力支持的同时，也要注意给与他更多的自主空间，为他创设信任、安全的生活学习环境，对他的健康成长和性格完善作用重大。

四、知识链接

1. 网络成瘾

（1）网络成瘾的概念

网络成瘾又称网络成瘾综合症（Internet addictive disorder，简称 IAD），指个体反复过度使用网络导致的一种精神行为障碍，表现为对使用网络产生强烈欲望，突然停止或减少使用时出现烦躁、注意力不集中、睡眠障碍等。按照《网络成瘾诊断标准》，网络成瘾分为计算机网络游戏成瘾、网络色情成瘾、网络交友成瘾、网络信息收集成瘾、网络交易成瘾 5 类。

（2）网络成瘾诊断标准

按照《网络成瘾诊断标准》，网络成瘾分为网络游戏成瘾、网络色情成瘾、网络关系成瘾、网络信息成瘾、网络交易成瘾5类。标准明确了网络成瘾的诊断和治疗方法。

①对网络的使用有强烈的渴求或冲动感。

②减少或停止上网时会出现周身不适、烦躁、易激惹、注意力不集中、睡眠障碍等戒断反应；上述戒断反应可通过使用其他类似的电子媒介，如电视、掌上游戏机等来缓解。

③下述5条内至少符合1条：

a. 为达到满足感而不断增加使用网络的时间和投入的程度；

b. 使用网络的开始、结束及持续时间难以控制，经多次努力后均未成功；

c. 固执使用网络而不顾其明显的危害性后果，即使知道网络使用的危害仍难以停止；

d. 因使用网络而减少或放弃了其他的兴趣、娱乐或社交活动；

e. 将使用网络作为一种逃避问题或缓解不良情绪的途径。

网络成瘾的病程标准为平均每日连续上网达到或超过6个小时，且符合症状标准已达到或超过3个月。

（3）争议：网瘾并非彼"瘾"，诱发原因不在网络

网络成瘾症最初是由戈德伯格（Ivan Goldberg, M. D）在1995年所提出的一种精神错乱，他比照在心理疾病诊断统计手册第四版（DSM‒IV）上对病态赌博的定义来比照，定立了有关病态上网的理论，但它不被最新的心理疾病诊断统计手册收录，IAD认为是否被划为心理障碍仍须研究。然而，他对网络成瘾的定义被媒体广泛报道，使得这问题是否应该被归为一种精神错乱而有所争议。后来戈德伯格已经声明该假设是玩笑。

精神病学家戈德伯格医生认为，网络成瘾症不是真正的成瘾，真正的成瘾症比网络成瘾症严重很多。成瘾定义过于空泛而令每种补偿行为都能被称为上瘾。例如，某人长时间地与朋友用电话交谈，以宣泄不愉快的情绪也可以说成"电话上瘾"，同理喜欢上网与渴望与朋友交流无异。

　　此外，有人认为，许多患者过度或不适当地使用网络，只是他们抑郁、焦虑、冲动的表现。如同 IAD 对进食成瘾分析，病人暴饮暴食只是抑郁，焦虑等的自我慰藉，而非是真正的进食成瘾。

　　或许，部分与网络有关的行为如沉迷拍卖、色情影片、线上游戏等是病态行为，但不能说网络媒体本身就会令人上瘾。还有一些重要的网络活动，如电子邮件、聊天、上网等和病态赌博有很大的差异。网络有利于社会，而沉迷赌博被视为对社会毫无贡献的行为。网络也是另一种社会形式。不上网如同在荒岛生活，反而是病态。

　　医学界认为，成瘾一般用来形容人对毒品、烟草、酒精等物质的依赖，这些依赖都是被医学可以论证的。但是网络是内容多样化的媒体，并非如毒品、烟草、酒精那样单一的化学或其他特定单一性行为对大脑那样施加刺激。对于网瘾这个问题是否是病症无论医学还是理论上都是有争议的。

　　（4）形成原因

　　网瘾，大致由三方面原因所致，其中最主要的是家庭。

　　①家庭中最主要的是家庭教育方式和家庭关系。有的家长喜欢暴力、批评的教育方式，即"控制型"的，造成孩子没有长成应该长成的"自我"；同时，夫妻关系不和谐，甚至存在夫妻双方利用孩子向另一半开战的情况，这些都可能造成孩子网络成瘾。专家尤其强调了父亲在家庭中的重要性。他说，

父亲在传统家庭中代表着权威、榜样、规则，对于孩子的成长起到非常重要的作用；网瘾患者，多数缺乏父爱。

②造成网瘾的第二个因素是学校。

部分网瘾患者的老师或多或少地存在着情绪暴力，爱发脾气、爱训人；学校评价体系过于单一，用成绩好坏评价学生。有的孩子可能学习不是特别好，但是其他方面很优秀，这些孩子在学校中得不到肯定，就可能投向网络世界的怀抱。

③第三个因素是孩子自身。

如果一个孩子有多动症、抑郁症等，就比其他孩子更容易网络成瘾。

（5）机制

在现实的游戏中，人们需要进行实质性的物理接触；而网络游戏则无须对参与者进行现实身份的鉴定，大家撇开了年龄、性别、职业、地位等客观制约因素，在一个游戏中平等相处。身在其中的人们可以放下现实中的种种"面具"，大家都显得那么"平易近人"。虚拟环境中，人们可以随意设定自己的性别、姓名和经历等要素，而在现实的游戏中，这些是根本不可能实现的。因此这种虚拟的"平等"使得网络游戏风靡全球。

在网络游戏中，玩者并不是直接参与游戏，而是借助人机界面对游戏进行操控，这种"身体缺失"在一定程度上使玩者产生"控制"游戏而非传统意义上的"玩"游戏的感觉，游戏者掌控整个游戏，具有极大的主体性、自由性和平等性等。在这个虚拟空间人们是平等的它使人扮演着另一种完全不同的角色，是对未来的"预先占有"，是对那些令人烦恼的现实世界的一种超越。在游戏中，人世间的现实突然成为一种转瞬即逝的东西。他们将解除所有的顾虑，使自己成为自由和主宰世界能力的人。虚拟现实技术和仿真技术为人们制造了极具现场感和沉浸感的游戏世界，游戏者对于游戏的沉迷也是游戏活动的一个重要特征。但问题在于游戏的创造者不再是游戏者，而是设计者。设计者操纵着整个游戏的规则和过程，而游戏者只是设计者的控制对象。在传统的游戏中，设计者和游戏者是同一个群体，规则是共同约定的规则，这表现在游戏是"自导自演的"，即使是历史传承的游戏，也是游戏者创造的。网络游戏的设计者从游戏共同体之中分离出来，以技术作为媒介"制造"和"生产"游戏，从这一刻起，游戏者走入了一个别人（非游戏者）的世界并被这个世界所囚禁。

网络游戏能让玩家尝到"甜头"，通过杀怪升级突然得到一件极品装备或者宝物，使玩家产生兴奋感，兴奋感是操作条件反射形成、牢固化所致，而操作条件反射的关键是强化，即上网操作和甜头强化物的结合。每当对现实世界感到疲惫和无法面对的时候，选择网络游戏，寻求精神上的安慰和刺激。虚拟的满足，会让人留恋，即使残酷的现实就在眼前，自己也知道逃避的后果，却是欲罢不能。越是逃避，精神对虚拟刺激的依赖就越大，就离现实越遥远，也就越加不愿意面对现实。于是，网络游戏成瘾。

每个人都有社会属性和参与社会、希望得到社会肯定的本能需求，则网络游戏的社会性也就必然导致大量人群投入其中，用另一种方式去实现自己的价值。而网络游戏的虚拟性使得投入其中的人们可以任意改变自己的角色、任意尝试自己所想体验的经历、并为人们提供了大量在精神世界中取得成功的机会，这就更使人们对网络游戏趋之若鹜。不能认为虚拟世界的成功是不真实、不可取的并去忽视它的危害，就像偶像人物的价值主要靠精神领域的魅力和广告效应来实现一样，在

2006 年虚拟物品交易超过 70 亿人民币之下，更不知造就了多少利用这种精神需求而获得百万、千万元财富的玩家和阻止。游戏中的虚拟物品是不受法律保护的，因为它本身没有价值，也没有任何部门能认定它的价值。人们玩游戏付出了时间、心血和金钱，"几分耕耘，几分收获"这句话在游戏中不再是真理，即使人们付出的再多，到最后换来的只不过是二进制的 0、1 代码。

（6）基本特征

①网瘾患者大多是 14－18 岁的青少年，且男孩居多

这一阶段的孩子正处在青春期，生理的迅速发育和心理的相对滞后的矛盾比较突出，他们对现状不满，喜欢寻求刺激，喜欢干冒险的事情。希望摆脱家长的束缚和管教，讨厌家长和老师空洞无味的说教。这一时期的孩子逆反心理极强，容易与家长冲突。

②学业很多处在高中阶段

很多网瘾孩子，小学、初中阶段成绩十分优秀。小学、初中阶段，家长老师盯得比较紧，课程不多、不难，很多孩子基本靠被动的学习就能掌握，表现的很优秀。可到了高中，有一部分孩子开始住校，没有了父母在学习上的监督，生活上的照顾，自理能力和自控能力差的孩子就容易出问题。高中一开始难度加大，进度加快，并且高中阶段高手云集，很多在初中成绩优异的孩子在这里变得成绩平平，甚至落后，经过努力感觉无济于事。在这种情况下，孩子容易灰心，认为自己不是学习的材料，产生强烈的自卑心理，进而寻找精神寄托和安慰。但这时，尤其是父母，不了解孩子的内心感受，一味地指责孩子不努力，起了推波助澜的作用。

③家庭关系紧张

有的家长缺乏基本的素质，不懂得经营家庭的技巧，经常吵架，致使家庭的成员关系非常紧张，孩子感受不到家庭的温暖，对孩子有很多负面的影响。也有部分夫妻，感情破裂，成为单亲家庭，对孩子成长也造成一定的心理阴影，形成不良的个性特征。

④家境优越

有的家庭经济条件好，什么都满足孩子，造成孩子非常任性、自私，不合群，不体谅别人，花钱大手大脚，没有节制。这种环境下长大的孩子不懂得珍惜，当然也就不懂得努力，不珍惜当下的时光，得过且过，无所事事，把精力就会转移到学习以外的事情上。

⑤家境贫穷

有的夫妻从小过穷日子，虽然条件不太好，但不愿让孩子再吃自己以前吃过的苦，有再穷也不能穷孩子的想法，平时自己勒紧裤腰带，也要千方百计的满足孩子。久而久之，孩子养成了自私、任性、不尊重别人的劳动，以自我为中心等不良习惯和品质。张天翼先生的小说《包氏父子》就是很好的明证。

⑥父母缺乏与孩子沟通的技巧

有的家长总是拿自己当家长，拿孩子当孩子，无视孩子的成长，不知道尊重孩子，不会与孩子沟通。造成孩子没有倾诉的对象，不善于表达自己的情感和想法。

（7）预防治疗

①家长与孩子要建立平等、信任的朋友关系，切忌不要摆出"家长的架子"

强硬的教育方式也会造成孩子的压抑。家长本身要以身作则，以理服人，并且要信任孩子。孩子是新生力量，相信孩子就是相信自己。每一人家长都应该对孩子有充分的信心，从而才能建立和谐的家庭成员关系。

②不要对孩子求全责备。过于严格要求自己的孩子，反而打击孩子的自信心，往往适得其反

对于内向、好胜的孩子，还会引发孩子的强迫倾向。要避免孩子在现实生活中受挫后一蹶不振，因为在这种情况下，孩子容易产生逃避现实世界、对网络容易形成成瘾的倾向。

③生活中要对孩子进行适当的鼓励和赞扬。孩子成长过程中，适当的鼓励是对其发展的促进

孩子的兴趣就是探索世界，越是不会干的他就越想干，会了就不干了。孩子是培养的对象，不要把孩子当宠物，不要剥夺孩子的权利。赏识孩子所作的一切努力，赏识孩子所取得的点滴进步，甚至要学会赏识孩子的失败，让孩子感到家长是他的后盾，而及时的赞扬是对每一阶段成绩肯定。这样才能培养孩子的自信心，激发孩子对未来现实生活的追求。

④培养孩子广泛的兴趣爱好，增加孩子对外界事物的兴起，从而分散孩子对网络的单一兴趣

不要一味反对孩子使用电脑，电脑在当今社会作为一种学习、生活的工具有其独特优势，不能绝对被禁止。绝对禁止孩子使用电脑并不现实，可能会引起孩子的逆反心理，其结果适得其反。

任何事情都是如此，预防比补救要容易得多，效果好得多，经济得多。预防青少年网络成瘾是做好教育工作非常重要的一环。通过对众多网瘾孩子的调查研究，甚至包括厌学、早恋、暴力、冷漠等等问题研究发现，几乎所有的问题背后都有家庭、家长的问题，因此预防网瘾的核心是提高家长的教育水平，改善家庭的亲子关系。家庭和睦了，矛盾就减少，可以大大减轻孩子不必要的思想压力和烦恼。在培养孩子情商上下功

夫，包括培养孩子的生活习惯、饮食习惯、学习习惯，培养孩子的爱心、责任心、同情心，培养孩子吃苦耐劳、爱劳动的良好品质。

（8）参考疗法

①音乐疗法

青少年网瘾音乐疗法与传统的网瘾治疗方法（强制电击身体神经损伤治疗、团体军事化魔鬼残酷训练、服用副作用精神药物治疗。）不同，美国"弗里斯"网瘾音乐疗法是2009年3月美国纽约大学临床心理学专业教授、美国音乐治疗师管理委员会高级认证师—安德烈·弗里斯教授（Andrea Frisch Professor）运用其15年临床应用心理医学的科学诊断方法和临床实践经验，精心设计的一套主要面对青少年网瘾的音乐心理诊断治疗方法。该方法首先让疑似网瘾青少年回答特定的问题，然后根据其诊断的网瘾程度，让网瘾青少年选择相应的"弗里斯"特制心理音乐，按照一定的方法倾听，随着音乐本身特定的节奏旋律，让网瘾青少年的身心得到深度放松，引导网瘾青少年进入游离于意识和潜意识之间的状态，进行深层次无意识的音乐心理暗示和安抚。

美国"弗里斯"网瘾音乐疗法是目前众多网瘾治疗方法中最安全有效、最健康科学和最深层次的治疗方法。它的本质作用在于解除网瘾青少年心理的紧张急促，治愈被伤害的身心，达到镇静催眠、安抚心理、缓解紧张，消除抑郁、振奋精神、稳定情绪等作用。从根本上改善网络成瘾青少年的情绪波动和社会认知度，帮助他们走出网络成瘾，恢复正常的学习生活，树立健康良好的性格心理。

"弗里斯"网瘾音乐疗法自2008年3月创立以来在美国音乐治疗协会和美国儿童发展中心的推广下，已经成功的拯救治愈康复了5. 32万名不同程度网瘾的青少年，约4. 78万家庭因此受益，为网络时代下的青少年心理健康成长提供了有效的保障和依据。

②体育疗法

经常参加体育运动，可以从时间、空间和生理三个方面来避免青少年的网络成瘾。第一，从时间上，体育运动"占用"了学生的课余时间，也就减少了上网的时间，而且，经常参加体育运动的学生一般交际比较广泛，参加的社会活动也较多，这样就不容易沉迷于网络的泥潭之中。经常参加体育运动的学生比一般学生要参加更多的学校活动和社会活动，而在这些活动中，学生的个性可以得到充分的调整和发展，性格比较外向，更多的参加社会交往等活动，从而可以降低网络成瘾的发生；第二，从空间上，学生在运动场上畅快的释放自己身体和心理的能量，享受运动的快乐，宣泄不良情绪，能够达到消除心理紧张，放松身心，调节心理状态的目的，从而直接给人带来愉快和喜悦，调控人的情绪。运动场上学生参与各种体育活动能满足他们的心理需求，也能让他们感受到运动场上斗智斗勇，顽强拼搏，团结协作的乐趣。而网吧那种偏僻黑暗的室内环境以及网络的虚拟环境与学生张扬、阳光的个性是格格不入的；第三、从人体运动的生理学角度看，运动作为一种应激刺激，导致人体释放具有免疫调节作用的内啡汰、脑啡汰和其他神经汰，进行适宜科学的体育能有效地提高人的免疫力，预防一些生理疾病和心理疾病的发生。同时人体运动的兴奋性可以从大脑传至肌肉，也可以从肌肉传至大脑。肌肉活动积极，从肌肉到大脑传递的冲动就多，大脑的兴奋性水平就高。情绪就会高涨。体育锻炼之所以能有效调解人的情绪，正是这个道理。还有，国外有位精神病专家研究发现，慢跑一段时间后，人体大脑可以分泌一种心理"愉快"素——β—内啡汰，这种物质能使人体保持一种很好的心理状态，预防和改善躯体疾病和心理疾病。由此可见体育活动对人的生理和心理都有非常重要的作用。体育活动能使学生们在活动过程中，尝试到体育锻炼带来的愉快、竞争的刺激、合作的欢乐。体验到勇敢与顽强、胜利与失败、挫折与勇气、拚搏与成功所带来的兴奋与快乐。

2. 家庭治疗

家庭治疗是心理治疗的一种形式，治疗对象不只是病人本人，而是通过在家庭成员内部促进谅解，增进情感交流和相互关心的作法，使每个家庭成员了解家庭中病态情感结构，以纠正其共有的心理病态，改善家庭功能，产生治疗性的影响，达到和睦相处，向正常发展的目的。

家庭治疗由麦尔首创。他认为一个人一生中每个阶段的心理发展与其家庭影响有着密切的关系，并试行家庭治疗，以纠正这些心理病态。早期的家庭治疗（1940 – 1945）多受精神分析心理治疗的影响，只对家庭成员中的病人进行个别心理治疗。但在此时期内，麦德（Madd）和巴伯（Buber）等人则受集体心理治疗的影响，重视对家庭成员的集体治疗。1948 年，我国台湾省精神病学家林宗义根据中国和西方的传统文化家庭模式，综合日本的职业治疗，建立了家庭治疗中心。70 年代，美国马斯汀（Mustin，R. T. H.）在家庭治疗中，尚提及家庭妇女参加妇女解放运动的意义。自 1962 年《家庭过程》杂志发行后，家庭治疗就成为一个独立的领域，发展了自己的理论体系和实践方法，使其成为不可被取代的心理治疗类型之一。美国婚姻家庭治疗协会从 1970 年的 913 个，增加到 1979 年的 7567 个，并成立了 300 多个家庭研究所。

由于家庭是社会的一个功能单位，它与每个家庭成员的关系最为密切。家庭中每个成员的个性、价值观、以及对社会的适应模式等，皆在家庭的熏陶下形成。家庭成员之间密切交往，互相产生正性的和负性的影响。但是，由于家庭功能不良，诸如家庭领导功能不良、家庭界限不清、外人插人、家庭内部互相折磨、家庭关系扭曲、单亲家庭、重组家庭、寄养家庭、家庭松散、互不关心、中老年人的困难，以及家庭交流模式不同等，都能使所有家庭成员在不同程度上卷人家庭纠纷，在病态的家庭关系中都占有一角，从而导致各种病态情感和行为障碍。

有关家庭治疗的学派纷陈，理论和术语各异，治疗模式也有差别。例如，行为学派的家庭治疗家把要解决的问题明确下来，进行行为矫正。精神动力学派的家庭治疗家以探讨家庭中潜在的心理冲突和投射机制，启发内省力，促进人格成熟，以和谐家庭关系。在此两端之间，还有功能派、构造派、策略派、鲍温派、经验派、交流派等。治疗模式各不相同。然而所有这些学派又都有共同之点，那就是把整个家庭作为治疗对象，并采取积极干预的策略，一方面力图打破原有的僵局；一方面重建健康的交流和行为模式。

3. *逆反心理*

逆反心理是指，人们彼此之间为了维护自尊，而对对方的要求采取相反的态度和言行的一种心理状态。青少年中常会发现个别人就是"不受教"、"不听话"，常与教育者"顶牛"、"对着干"。这种与常理背道而驰，以反常的心理状态来显示自己的"高明"、"非凡"的行为，往往来自于"逆反心理"。

五、心得体会

父母之于孩子，爱他就尊重他，而非在"我是为了你好"的光环下堂而皇之的剥夺孩子选择的权利，将自己的梦想强加给他，这对你对他都是莫大的折磨！

离不开妈妈的女孩

一、案例介绍

离校出走的女孩

小梦，女，湖北人，大三上学期突然失踪，学校经多方努力，两天后终于联系到她，已经在武汉火车站，准备退学回家，学校与家长联系后，妈妈与小梦联系，劝说小梦返校，妈妈随后赶到学校。小梦接受辅导员老师建议来心理咨询，她自述自高三开始自己的学习状态就不好，学习很吃力，学习效率不高，结果也不好，这样就觉得自己很糟糕，还有一个多月就要期末考试了，觉得自己一定也考不好，要撑不下去了，家里爸爸与妈妈经常吵架，觉得妈妈很不容易，所以想回家看看，也不想读书了。

离不开妈妈的女孩

小梦的妈妈说她与小梦的爸爸认识了三个月因为怀了小梦，没办法嫁给了她爸爸，她是很不甘心的，虽然小梦爸爸一直很宠着自己，结婚后自己一直没有工作，后来又生了一个女孩，但对家庭生活一直不满意，觉得自己亏了，爸爸配不上自己，两人经常吵架，自小梦高二开始，她爸爸开始在外面

"玩"，在小梦读大学后，爸爸有了情人，虽然后来分手了，妈妈觉得爸爸就更对不起自己了，现在妈妈与爸爸的好朋友一个亿万富豪有了感情，但爸爸坚决不肯离婚，是否接受亿万富豪的感情是自己目前最痛苦的事情。自己与女儿小梦关系很好，不像母女，更像朋友，自己在女儿面前就像"透明人"，有什么心里话都和女儿说，女儿也知道自己现在的感情经历。觉得自己的女儿有心理问题，有些自闭还有些抑郁，心里没有别人只有妈妈，觉得女儿太恋妈妈了，这样不好。

我的心是空的

小梦说她的心是空的，她也觉得自己有心理问题，自闭又抑郁（妈妈说的），她对爸爸和妈妈的感情是一样的，两个人都在乎，但表现出来的是站在妈妈这一边，希望通过自己的努力可以让妈妈不失望，妈妈承担了太多，内心很疼惜妈妈，所以想通过努力满足爸爸和妈妈的期待，但如果自己做不到，就会很内疚，爸爸妈妈的家族没有大学生，所以努力学习，妈妈很看重自己的学习成绩，所以很用心，看到爸爸妈妈开心自己就开心。自己平时也很少与同学交流，交流最多的人是妈妈，没有亲密朋友，学习是自己最在乎的事，感觉生活的像苦行僧。

我扛不下去了

在大三第二学期期末，小梦的状态又不不对了，期末考试不复习，公务员考试的内容也不复习，不和宿舍同学交流，不和班级同学交流，妈妈再次到校，妈妈提出可以陪同她读书但前提是公考要通过或者休学一年，小梦与妈妈争执，后赌气同意休学，但实际是不想休学的，她担心自己公务员考试考不好，但也不希望延长读书时间，希望能按时毕业，妈妈说自己抑郁，自己也觉得自己得了抑郁症，后来去上海市心理咨询中心挂号，并开了抗抑郁的药，觉得自己与妈妈的关系太纠结了，但不知道怎么调整，高中的时候也出现过类似的状况，内心感觉太累，难以承受，那个时候甚至想到了自杀，想吃安眠药，但又怕难受所以没有做，现在这种状态不知怎么办，怕自己扛不下去了。

二、案例分析

1. 母女关系过渡纠结，女儿承接了妈妈的负面情绪

小梦与妈妈关系特别好，妈妈将女儿发展成为对抗丈夫的同盟，会把心里话说给女儿听，包括对爸爸的不满，包括自己的新恋情，小梦作为女儿在妈妈对爸爸的抱怨中，在爸爸妈妈的婚姻斗争中长大，内心是很恐惧和纠结的，担心家庭的完整，又心疼妈妈的委屈，有些怨恨爸爸但又觉得这样做不对，小梦完全承接了妈妈的负面情绪，每天关注的事情也都是妈妈心情如何，妈妈爸爸关系怎么样，而自己怎么样根本就不重要了。

2. 妈妈过渡控制，女儿完全配合

妈妈是一个对他人要求很高的人，包括丈夫要能顶天立地给自己提供良好的生活条件和无微不至的关心，女儿要乖巧懂事学习成绩好，并且也只关注他人能力方面的品质，对个性、品德方面的关注度不高，为了实现妈妈的要求，帮助妈妈圆梦，小梦一直在努力，小梦的人生目标就是让妈妈开心，实现妈妈的梦想，她停止了对自己人生的探索，将自己与妈妈紧紧捆绑在一起，并且很享受这种紧密的关系。

3. 女儿存在不合理认知，并过渡压抑导致抑郁症状

小梦的内心存在很多的"应该"，如果做不到就有很强烈的罪恶感，比如"我应该学习好"、"我应该与同学和睦相处"、"我应该让别人开心"、"我应该有能力回报父母"、"我应该好好生活，因为我已经做够幸运"，在小梦的世界里，都是对她的要求，压力太大，标准太高，难以实现，所以导致抑郁症状。

三、治疗方法

　　1. 结构家庭治疗，调整家庭关系与结构

　　小梦的问题根源在家庭，尤其是妈妈，通过家庭治疗让妈妈看到她惯常引以为豪的亲密母女关系对小梦造成的压力与影响，并改变家庭沟通模式和角色定位，妈妈自己独立起来或者寻找到可以倾诉心声的渠道，而非将女儿作为自己的知心朋友。也让小梦清楚自己在家庭中的角色定位，可以陪伴妈妈但不能替代妈妈，大人的事情只有大人能够处理与解决。

　　2. 对女儿进行认知行为治疗，调整认知，提升个人能力

　　通过认知行为治疗，对小梦的不合理认知进行对质和调整，同时提升其人际交往能力，帮助小梦更好适应和应对学业压力和人际交往压力，能顺利度过大学生活。

　　3. 对女儿进行支持性治疗，提升其自我认同，为自己而活

　　小梦的自我认同很差，完全与妈妈的愿望绑定，通过支持性治疗，帮助小梦逐渐看到并相信自己的能力，建立自我认同，并开始探索自己的人生。

四、知识链接

结构式家庭治疗

结构式家庭治疗发端于 20 世纪 60 年代，是由萨尔瓦多·米纽钦（Salvador Minuchin）创建的，治疗的原则是重建家庭结构，改变相应的规则，并将家庭系统僵化的、模糊的界限变得清晰并具有渗透性，设法改变维持家庭问题或症状的家庭互动模式。

1. 起源

在 20 世纪 50 年代前后，心理治疗界发生了一场革命性的变化，一些治疗师们把心理治疗的视角从个体自身，扩大到个体周围的环境，特别是家庭环境，于是被称为心理治疗领域中的第四势力，家庭治疗学派在战后的美国拉开了序幕。在随后到来的家庭治疗百家争鸣的时代里，结构式家庭治疗（structural family therapy）像是一匹异军突起的黑马，驰骋在众多家庭治疗流派的洪流之中。

结构式家庭治疗发端于 20 世纪 60 年代，是由萨尔瓦多·米纽钦（Salvador Minuchin）创建的。此流派以简洁和实用两大特点，在 20 世纪 70—80 年代称雄于整个家庭治疗界，成为家庭治疗学派中影响最深、应用最广泛的一个流派，同时也带动了家庭治疗的发展。家庭治疗在进入 21 世纪后，虽然后现代和整合式的家庭治疗是主流，但结构式家庭治疗，无论是理论上还是在技术方面，通过在临床实践中不断地发展和完善，依然是家庭治疗界最具特点的主流学派之一。

2. 基本概念情景

情景是指事情发生的环境及其相互租用之间错综复杂的联

系。结构取向认为个人的症状必须在家庭互动模式的情景中才能真正了解。家庭治疗往往以情景为焦点，强调环境与个人的互动和相互影响，而非个人的内在动力。

（1）家庭系统

系统理论认为：一个系统是由不同的子系统组成的，每一个系统都作为一个更大的系统的部分而存在，同时又包含更小的子系统。每个子系统都有本身的自主功能，同时在较大的系统运作中又有其特定功能和角色。

家庭子系统也称家庭次系统或亚系统，是由家庭中的个人、两人或更多一些人组成的家庭中的小团体。一个家庭拥有多个分化的子系统，家庭依赖子系统来划分和执行功能，不同的子系统执行不同的功能。通常在家庭中，子系统可以按照代际（父母、孩子）、性别（男、女）、兴趣（智能性、社会性）、功能（照顾父母、做家务）来划分，其中最重要和最常见的子系统包括：夫妻子系统（丈夫与妻子）、亲子子系统（父母分别与孩子）、手足子系统（孩子之间）。

（2）家庭结构

家庭作为一个系统单位，它的整体功能运行如何，常常取决于其结构的正常或健康与否。因此，家庭结构是结构式家庭治疗理论体系中的核心概念，属于重中之重的地位，家庭结构是一套无形的或隐蔽的功能性需求或代码，以整合和组织家庭成员彼此互动的方式。家庭结构为理解那些一致的、重复出现的和长期存在的家庭模式提供一个框架。这种互动模式表明家庭为了维持自身的稳定性，以及一系列变化的环境条件下寻找适应性选择的组织方式。

（3）家庭界限

家庭里的界限，是指个体、子系统或系统同外部环境分开的无形的边界线，是一种情感的屏障和距离。界限规定了家庭成员之间，子系统之间，家庭与外界环境之间的空间距离，用来决定谁是内部成员，谁是外人，谁能加入以及怎样加入的规则。因此，界限在维持所有家庭子系统的相互依赖的同时，也有助于保证每个子系统的自主性，是维系家庭中个体或团体完整性的重要的条件。

在有多个孩子的家庭里，父母常常与不同的孩子形成不同的联盟，而手足子系统功能得不到有效的保护和利用，甚至有的手足之间不能单独一起相处。这种手足对立的情况，对孩子的心理成长非常有害。所以，父母一定要注意保护好手足子系统，让孩子获得心理上的健康成长。

因为界限决定了家庭子系统的功能，决定了家庭中的联盟和权力，从而决定了家庭的结构。所以了解和掌握家庭界限是结构式家庭治疗的精髓所在。

（4）联盟和权力

联盟。所谓联盟就是指一些家庭成员联合起来对抗第三方的结盟。也就是说，它是一种对抗性的结盟。家庭成员之所以结盟是因为彼此间的情感或心理联结所致，就是界限在起作用。家庭成员彼此界限较为松散的则容易结盟，以反对与他们界限僵化的成员。结盟有的是临时性的，如：母亲生病住院，16岁的女儿帮助不太干家务的父亲，完成平时由母亲负责的家务活，女儿和父亲的结盟仅限于母亲住院期间；有的则长期存在。例如：父亲喜欢打麻将赌博，经常不回家。母亲管不了，就将注意力全部放在儿子身上，很少搭理父亲。儿子很听母亲的话，常常与父亲对抗。此母子联盟是长期存在的。

在家庭系统中，家庭成员之间的权利大小是有差别的，权利源于家庭成员的地位，也来源于家庭成员间的结盟。权利涉及每个家庭成员对家庭成员和家庭事务的影响力和控制力。但权力大小也不是绝对的，与事件的情景和背景以及家庭成员联盟的方式有关。

3. 治疗目标

结构式家庭治疗认为，家庭问题或个体症状的根源在于家庭结构的功能不良，而家庭组织的功能失调是维持问题的主要因素。治疗的目标就是直接有针对性地改变家庭结构，以使家庭能够解决其问题。因此，结构式家庭治疗的目标是在于家庭结构的改变，即重建家庭的正常结构，而家庭问题的解决只是整体目标的副产品而已。

4. 治疗特点

结构式家庭治疗最大的特点就是，它是一种治疗的行动而非理解，它用行动去改变家庭，而不是籍由成员观念上的认识变化来造成改变。它提供一个机会引导家庭成员接受新的体验，并改变家庭组织结构。结构式家庭治疗以行动先于理解的原则为基础。也就是说，由行动导致新的领悟、理解及结构的重新排列。它要求治疗师进入家庭时，对这个家庭一定不要带任何假设或猜想，就是去看这个家庭当下所发生的一切，根据所呈现出的特点，进行评估，再做出针对性的行动。

故结构式治疗师进入家庭系统，主动、直接地挑战家庭的互动模式，迫使成员从注意被认定患者的症状中，转变为在家庭结构的背景中观察他们所有的行为。其目的是帮助家庭改变其刻板的交往模式，通过改变界限和重塑子系统，从而帮助改变每个家庭成员的行为和经验。要注意的是治疗师并不去直接解决家庭的问题，那是家庭的工作。治疗师的工作只是帮助调整家庭的功能，以使家庭成员能够自己解决他们的问题。这种治疗方式类似于动力心理治疗，即症状的消除本身并非治疗的终极目标，它只是结构改变的结果。不同的是，精神分析治疗师的工作是调整患者的心理结构；结构式家庭治疗师的工作是调整患者的家庭结构。

结构式治疗的行为特点迫使治疗师必须是一位变化的从业者。但变化总是会遭遇到抵抗，而治疗师所拥有的选择并不多。只有当治疗师打破了维护家庭旧有的常规时，变化才可能发生。这些意味着，治疗师是一个受到限制的变化者，并非是一位可以随意指挥演员表演的大导演。是家庭成员决定着改变方式的可能性以及限制程度。因此，改变是一项需要治疗师和家庭成员相互协助的事业。治疗师需要调整自己适应家庭，进入他们的世界，在与家庭成员的关系互动中做出改变。

当然，治疗师角色特点也深深印刻着治疗师自身的个性特点与变化。米纽钦对其五十多年的职业生涯总结到"经过数十年的治疗实践，我已经从一个主动的挑战者——对抗、指导、控制转向更柔和的风格，其中，我可以运用幽默、接纳、支持、建议、引导，去达到以前需要运用犀利的风格才能达到的目的。我已经从指导者转变成为一个协助者，不过，我并没有放弃作为一个专家的角色。"

5. 治疗程序

米纽钦在《家庭与家庭治疗》的书中，将结构式家庭治疗的治疗过程简单概括为：治疗师以领导者的身份进入家庭，勾画出家庭潜在的结构，然后采取干预措施改变这一结构。这个过程看似很简单，而且有一个清晰的计划，其实它又是极端复杂的，因为家庭的模式是变化无穷的。一般来讲，结构式家庭治疗的治疗程序包括下述四个步骤：

（1）进入家庭

在这一步骤中，核心是治疗师进入家庭。这既是家庭治疗的开始，更是家庭治疗的基础。但是，这种进入不是指在物理空间意义上的进入，即治疗师本人与家庭坐在一起，而是指治疗师的心灵或情感融入家庭，与家庭成员打成一片。这个过程是治疗师通过适应家庭文化、情绪、生活方式和语言，加入家庭并与他们建立融洽的治疗关系而完成的。

然而，家庭就像你和我一样，会不自觉地抵抗他们觉得不能理解和接纳他们的人，以及那些想要改变他们的各种努力。也就是说，治疗师不能以专家或权威的身份高高在上地同家庭在一起。

（2）评估家庭结构

评估与进入家庭的过程常常是相互重叠的。在这个过程中，治疗师通过关注家庭的组织结构和持续的互动模式来评估家庭，并特别关注功能失调行为得以展现的社会背景。评估的重点是家庭的等级、子系统的功能状态、可能存在的结盟和联盟、当前的界限品质状况，如界限的渗透性、弹性和僵化性。

评估是结构式家庭治疗的一个整合的和持续进行的部分。当治疗师进入家庭后，就不断形成关于家庭结构排列的假设，比较关心家庭怎样灵活地适应发展变化以及危机情境，家庭成员如何联合起来解决冲突等等方面的线索。

评估也是个动态性的过程，治疗师可通过角色扮演来观察个体或子系统之间的互动，有时会故意制造真实的互动。如米纽钦就经常利用与厌食症儿童的家庭一起共进午餐的机会实施治疗。在这一过程中可能会出现父母无法合作鼓励孩子吃饭的情况，或者出现父母与孩子存在不同的结盟方式的情况，并在现场将针对这些行为的成因进行家庭讨论。

（3）打破旧的系统平衡

家庭治疗师为了使家庭的结构发生有益的改变，必须首先打破家庭系统中旧有的失调行为模式的平衡状态。这一过程具有高度的指导性。与大多数治疗模式中治疗师要保持价值中立的立场不同，结构式家庭治疗师的表现是常常需要与不同的个体、亚系统或同盟站在一边。经常是先支持处于劣势或边缘地位的家庭成员，然后再公平地分配自己的支持力给其他成员；也可以加入一个强势地位的成员并突破其他家庭成员所能容忍的范围，以引发其他成员的挑战；有时候，治疗师也会加入某个家庭联盟来对抗一些家庭成员。但是，不管治疗师是在加入哪个家庭成员，还是进入哪个家庭联盟，最后，他一定要结合整个家庭形成一个治疗系统。

（4）家庭的重新建构

一旦家庭系统平衡被打破，家庭治疗就进入了最后的改变阶段，即家庭结构的重建。这一阶段，治疗师的主要任务就是帮助家庭重新建立支配家庭互动的系统，以取代家庭中功能失效的交往模式。重建包括改变家庭规则、明晰界限和重新结盟，改变支持某种不良行为的模式。家庭治疗师的工作就是经常通过重新框架使每个成员意识到问题属于家庭，而不是属于个体。新的家庭功能互动形式必须取代旧的功能失调模式。并让家庭明白必要的结构改变是解决家庭问题的根本所在。

6. 评估步骤

米纽钦认为家庭治疗是基于对家庭组织的理解。结构式家庭治疗一直遵循一个基本路径，就是从理解家庭，到制定策略去改变家庭。治疗性探索的目的在于发掘导致某种类型的经验和行为的家庭组织，准确的评估是干预的先决条件。因此，米纽钦一再强调，评估是结构式家庭治疗的核心，是整个治疗过程的重中之重。

（1）拓展当前的主诉

家庭就诊时，是带着他们已经明确认定的问题来的。常常是有个带着症状的病人成为问题的主诉对象。治疗师在该步骤的目的，就是对家庭当前存在的问题和存在症状的人去中心化。也就是说将问题或症状转化为人际关系，这也是将治疗转为家庭治疗的一个步骤。

　　这一步骤常用的策略包括：

　　①关注被认定的病人的能力范围

　　②对家庭所认定的问题赋予新的意义（重构）

　　③探索症状本身的表现方式，重点关注细节

　　④从不同的角度审视问题，直到症状失去破坏作用为止

　　⑤探索症状出现的背景

　　⑥探索家庭其它成员的困难，与被认定的病人的问题是类似还是不同

　　⑦鼓励被认定的病人描述自己的症状和症状的意义，并介绍自己和家庭。其目的是让家庭其它成员成为听众，以尊重被认定的病人。

　　（2）探索维持当前问题的家庭模式

　　这一步骤的目的就是探索家庭成员的哪些言行举止导致了问题的持久存在。这一过程是为了帮助家庭成员认识到他们的行为是如何维持着家庭的问题。

　　该步骤是各种干预方法的基础。家庭成员的互动存在互补的特点。一般在家庭来就诊之前，家庭其它成员对被认定的病人，已经做出了他们认为应该做的帮助和改变行动，只是效果不好才来求助的。因此，如果让家庭成员明白，他们可以使用新的互动方式来帮助被认定的病人，那么他们便会改变他们的相处模式。

　　（3）探索重要家庭成员的过往的影响

这一步是对家庭中成年的成员，主要是父母亲的过去进行简短、有重点的探索。目的在于帮助家庭成员理解他们看待自己以及他人的狭隘的观点是如何形成的。

这个治疗理念的变化是非常明显的，因为这在过去的结构式家庭治疗中是没有的。这一步其实是精神动力治疗方式的一部分，米纽钦认为结构式家庭治疗过去之所以拒绝探索个人过去的背景，是在与精神动力学派争论过程中的一种意识形态的反应。我们在临床实践中也发现，一些家庭中存在的不良互动模式，其实是父母亲从他们过去的成长经历中带来的。如果父母亲不能认识到这一点，那么他们改变当前的家庭互动模式是比较困难的。这也是家庭治疗常常受阻的地方和原因。

（4）探索相关的改变方式

这一步的目的就是重新定义问题，并且寻找新的解决办法。当治疗师和家庭共同完成了一幅维持着家庭困境的家庭地图后，家庭成员便会与治疗师讨论：家庭里谁要改变？改变什么？谁愿意改变？谁不愿意改变？这一步是将评估过程从凌驾于家庭的工作，转变为与家庭一起的工作。当然改变意味着与习惯的对抗，因此，家庭阻抗的产生也就不足为奇了，那怕这种改变是针对家庭畸形或严重失功能的模式。

在这一步里，需要用到各式各样的家庭治疗技术。但米纽钦认为治疗技术仅仅是用来完成某些特定任务的工具。我们已经有足够多的好技术，却缺乏一幅地图。因此，我们的目标是提供一个足够宏大的构架，将构建家庭问题的诸多概念以及干预家庭问题的诸多方法组织起来。提供给在家庭治疗舞台上工作的不同背景的治疗师。这也是米纽钦提出家庭评估四步模式的根本宗旨。

7. 常用技术关系提问

关系提问所提到的问题应涉及家庭成员之间的关系，并能引发家庭成员的思考，引出他们之间的对话，从而活现家庭的关系、家庭结构。而关系的讨论又要与"问题"和"症状"相连接。这是治疗最基本的技能。

（1）重新定义

重新定义是改变事件原有的意义，重新标定所发生的事情，以便提供具有建设性的观点，从而看待事件和情景的方式。正常化也是一种重新定义，就是将一件家庭成员认为很不正常的事情，将它看作是一件普遍、很常见的事情，从而淡化家庭人为的"不正常"观念。可以分为两种：①消极再定义：将家庭成员看作是积极的行为重新赋予消极的含义。②积极再定义：将家庭成员看作是消极或者是破坏性行为重新赋予积极的含义。

（2）设置界限

设置界限是一种通过改变家庭亚系统之间的心理逻辑距离来重组家庭界限的技术。家庭里个体和子系统的界限过于模糊、松散或过于僵化，是导致家庭功能失调的主要原因之一。对此，结构式家庭治疗师常常会使用重新设置界限的治疗技术来进行干预，以增加家庭子系统之间的距离或者亲密度。

在缠结型的家庭，子系统之间的界限必须得到加强。因此，治疗师要有意识地增加界限的清晰程度，以增强个体的独立性。治疗师可以鼓励家庭成员自己说自己的话，尽量避免其它成员的干扰，不要替其他成员回答问题；也可以特意帮助两个家庭成员不受其他家人的影响，完成一次独立的谈话。

结构式家庭治疗的首次会谈通常需要整个家庭参与，但根据需要，后续的治疗也可以只有个别成员或某个子系统成员参与，以强化相互之间的界限。如被母亲过度保护的青少年，可以安排个别会谈，以支持其独立性的发展。而被孩子过于纠缠的夫妻，则需要安排没有孩子参与的会谈，让夫妻之间有单独相互交流的机会，以加强和发展被削弱的夫妻子系统在家庭的核心作用。

对于疏离型的家庭，结构式治疗师的干预是挑战对冲突的回避，减少迂回式的沟通，并帮助疏离的家庭成员增加相互接触。在这一过程中，治疗师应鼓励成员之间直面相对，不回避矛盾和困难。因为，疏离本身就是一种逃避冲突的方式。一些已经关系很疏离的夫妻，常常是在经过一场较激烈的争斗后，才有可能重新在他们之间找回爱的感觉。

（3）隐喻

隐喻就是借用一些概念或言语，间接或含蓄地表达某些家庭成员没有意识到或不愿面对的问题的一种技巧。这个技巧在治疗过程中使用很广泛。使用隐喻的好处是，治疗师既挑战了家庭成员，又不会使他们过于防范，从而容易被家庭接受或产生顿悟。

（4）绘制家庭图

当治疗师在加入家庭后，运用活现、倾听等技术手段，收集有关家庭的信息和材料，以便对家庭的结构和功能做出评估。这个过程也被米纽钦称为家庭诊断。在这一过程中，有一项重要的技术就是绘制家庭图。家庭图是治疗师用图表的方式来绘制家庭内部的关系模式。也就是说，用图式法来呈现治疗师所有关于家庭哪些交往模式是有效的，哪些交往模式是失调的有关假设。

家庭地图是一个高效有用的简化评估工具，它为治疗师本人提供了一种清晰的组织图式来理解复杂的家庭互动模式，而这种理解对于家庭治疗过程极为重要。正如米纽钦和费施曼指出的那样："家庭地图显示了家庭成员彼此的相对位置。它揭示了结盟或隶属关系、明确的或暗含的冲突，以及解决冲突中家庭成员进行组团的方式。它确定引起冲突的家庭成员和起中介作用的家庭成员。这张地图还画出了养育者、医治者和替罪羊。绘制出的子系统之间的界限表明了存在的何种运动，以及揭示了可能的优势或功能失调的范围。"

结构式家庭治疗的家庭图与鲍文的系统式家庭治疗的家庭图不同。结构式的家庭图描述的是家庭当前的互动模式，关注的是通过线与空间的排列，传递关于家庭的组织结构、界限和行为序列的信息。而鲍文式的家庭图是来绘制至少延伸三代的家庭关系图，寻找的是关于家庭代际之间的影响线索。

五、心得体会

每个生病的孩子身后都有一个生病的家庭，孩子是最忠诚于父母的，为了夫妻之间的关系，将孩子紧紧拉在身边做自己的同盟，让孩子去承受父母的苦恼，那么孩子真的会为了帮父母而赴汤蹈火……

一失足成四年痛

一、案例介绍

小希，男生，在海关方向专业就读，通过公务员考试后可以进入海关。在入校一个月内与宿舍一同学发生多起冲突，该同学反映小希在他的水杯中放了不知什么东西，并且丢了两部手机，也怀疑是小希做的，此事闹的很大，辅导员介入后，建议小希来接受心理咨询。

单亲家庭成长

小希主诉希望可以改善同学关系，他是因为高考失利来到我们学校的，志愿是听取了妈妈的意见，因为妈妈是某海关高级领导，对这个职业有情结，希望儿子也能进入海关系统工作，爸爸在自己五岁的时候车祸去世，一直是妈妈将自己带大，妈妈是一个独立性很强的人，对自己要求很高，生活照顾很好，所以很依赖妈妈，来到陌生的上海很不适应，也不习惯学校的管理模式和住宿的生活，很多的失落、担心与恐惧，担心时间都浪费了却没有机会实现自己的理想与抱负。

那个同学让我很不爽

宿舍一共四个人，另三个人关系好，其中一个同学很健谈，很有魅力，同学们都喜欢他，让自己很不舒服，那个同学也不喜欢自己，就联合其他同学孤立自己，发生了很多的事情，比如那个同学内衣掉在垃圾桶，饭卡掉了，茶杯中有粉末他都冤枉是自己做的，很不爽，觉得是对自己人格的侮辱，自尊受到了很大的伤害，所以就真的往他的杯中倒了蔬果净，并且把他的手机扔到了关河里，这个事情就闹到老师那里了。小希的妈妈因此事专门赶到学校，我与她进行了交流，妈妈承认自己对孩子溺爱，表面上严格要求孩子，但会背地里帮助打点让儿子的愿望能够实现，看不得儿子失落，这么多年以来一直如此，儿子在自己的保护下也成长的很好，没想到发生了这样的事情，自己要反思教育方式，要进行调整。

休学回来不知如何自处

因与同学矛盾，小希的过激行为，最后家长决定让小希先休学一年进行调整，所以一年后小希又回到了校园，但他总是很担心现在班级的同学知道他当初的事情，并且坚定的认为大家一定知道这件事情并且对他有偏见，不知如何自处，他自认是性格比较敏感的而且自我要求较高，不知如何减少同学偏见对自己的影响，不阻碍自己的成长，觉得压力很大，自己要用比别人多很多的努力才能获得相同的认可度，很辛苦。自己一贯都不太能适应群体生活，觉得这样的多人空间，让自己不能得到很好的休整，自己需要个人的空间来补充能量，所以心情不好，甚至学业成绩也受到很大的影响，自认是热情开朗的性格并且喜欢探索的，但准军事化管理让自己没有办法探索，宿舍生活让自己没有办法专心，这样甚至会影响到今后的公务员考试和工作。

多方努力达成愿望

在该生返校后一年不到的时间里就多次提出要搬到学校外面去住，或者希望可以在学校住单间，但因为学校实施准军事化管理不允许单独在外居住，而且学校也不提供单间住宿，所以该生一直与系部老师沟通，并主动找学生处领导，甚至校领导交流，主动预约心理咨询，他希望我能够帮助他证明他不适合宿舍生活，并出现多次预约后擅自不来的情况，自己解释忘记了，有课了或者回家了等，只是将心理咨询作为实现自己目的的渠道之一，最后在妈妈的帮助下，小希实现了自己的愿望，之后一直住在学校的培训学员宾馆，并顺利通过公务员考试成为了一名海关关员。

二、案例分析

1. 小希存在比较明显的入校适应不良

小希在入校不到一个月的时间里就出现这么多的人际关系矛盾，内心承受了非常多的痛苦与他的角色转换和适应能力较弱有比较大的关系，生活自理能力较差，难以适应准军事化管理，没有住宿经验，难以适应宿舍生活。

2. 存在不合理认知，并且行为模式比较偏激

在自身能力有缺陷的情况下，却对自己有不合理的期待，希望自己是最出色的，是被关注的，不能容忍比自己更出色的同学存在，同时也对自我形象有严格的管理，希望给别人留下非常好的印象，但同时对个人利益非常重视，对任何有损个人利益的行为都睚眦必报，甚至不择手段，行为模式偏激，不惜损害他人利益，让自己处于更加被动的形势之中。

3. 家庭教养方式导致严重自我中心且法治观念淡漠

小希年幼丧父，母亲对其非常宠爱，甚至达到溺爱的程度，基本完全满足他的愿望，并且尽自己最大的努力为他创设了一个非常好的环境，基本可以心想事成，长期的顺境让小希产生了错觉，认为自己的想法都是合理的，而且是可以实现的，严重自我中心，难以顾及到他人的想法，并且因为妈妈个人能量很足，小希认为很多问题都可以解决，所以法治挂念淡漠，行事大胆，不顾后果。

三、治疗方法

1. 认知行为治疗

小希存在不合理认知，法治挂念淡漠，人际交往技能较弱，采用认知行为治疗比较合适。他性格敏感、要强、自负，但其实自信心不足，所以会对优秀的同学产生严重的嫉妒心理，并产生病态的报复行为，帮助小希清楚界限，建立自信心与合理的期待是问题解决的根源所在，同时提升技能，增强适应能力。

2. 家庭治疗

小希的问题与家庭教养方式存在密切关系，采用家庭治疗，让妈妈认识到溺爱的危害，并及时调整，让小希清楚自己的事情要自己负责并承担后果很重要，妈妈要改变对小希爱的方式，包办越多，为他创设心想事成的环境只会害他而绝非爱的正途。

四、知识链接

1. 家庭教养方式

1978 年，美国心理学家戴安娜·鲍姆林德提出了家庭教养方式的两个维度，即要求性和反应性。要求性指的是家长是否对孩子的行为建立适当的标准，并坚持要求孩子去达到这些标准。反应性指的是对孩子和蔼接受的程度及对孩子需求的敏感程度。根据这两个维度，可以把教养方式分为权威型、专制型、溺爱型和忽视型四种。

（1）权威型：典型特点是接受＋控制

儿童期：心情愉悦，幸福感；高自尊和高自我控制

青少年期：高自尊，高社会和道德成熟性；高学术和学业成就

这是一种理性且民主的教养方式。权威型的父母认为自己在孩子心目中应该有权威。但这种权威来自父母对孩子的理解与尊重，来自他们与孩子的经常交流及对孩子的帮助。父母以积极肯定的态度对待儿童，及时热情地对儿童的需要、行为做出反应，尊重并鼓励儿童表达自己的意见和观点。同时他们对儿童有较高的要求，对儿童不同的行为表现奖惩分明。这种高控制且在情感上偏于接纳和温暖的教养方式，对儿童的心理发展有许多积极影响。这种教养方式下的儿童独立性较强，善于自我控制的解决问题，自尊感和自信心较强，喜欢与人交往，对人友好。

（2）专断型：典型特点是拒绝＋控制

儿童期：焦虑，退缩，不幸福感；遇到挫折易产生敌对感

青少年期：与权威型相比，自我调整和适应较差；但与放纵型和忽视型相比，常有更好的在校表现

专断型父母则要求孩子绝对地服从自己，希望子女按照他们为其设计的发展蓝图去成长，希望对孩子的所有行为都加以保护监督。这一类也属于高控制型教养方式，但在情感方面与权威型父母有显著的差异。这类父母常以冷漠、忽视的态度对

待儿童，他们很少考虑儿童自身的要求与意愿。对儿童违反规则的行为表示愤怒，甚至采取严厉的惩罚措施。

这种教养方式下的学前期儿童常常表现出焦虑、退缩和不快乐。他们在与同伴交往中遇到挫折时，易产生敌对反应。在青少年时期，在专断型教养方式下成长的儿童与权威型相比，自我调节能力和适应性都比较差。但有时他们在校的学习表现比放纵型和忽视型下的学生好，而且在校期间的反社会行为也较少。

（3）放纵型：典型特点是接受＋容许

儿童期：冲动，不服从，叛逆；苛求且依赖成人；缺乏毅力

青少年期：自我控制差，在校表现不良与权威型或放纵型相比，更易产生不良行为

这类父母和权威型父母一样对儿童抱以积极肯定的情感，但缺乏控制。父母放任儿童自己做决定，即使他们还不具有这种能力，例如，任由儿童自己安排饮食起居，纵容儿童贪玩、看电视。父母很少向孩子提出要求，如不要求他做家务事也不要求他们学习良好的行为举止；对儿童违反规则的行为采取忽视或接受的态度，很少发怒或训斥儿童。

这样教养方式下的儿童大多很不成熟，他们随意发挥自己，往往具有较强的冲动性和攻击性，而且缺乏责任感，合作性差，很少为别人考虑，自信心不足。

（4）忽视型：典型特点是拒绝＋容许

儿童期：在依赖、认知、游戏、情绪和社会技巧方面存在缺陷；攻击性行为

青少年期：自我控制差；学校表现不良

这类父母对孩子既缺乏爱的情感和积极反应，又缺少行为

方面的要求和控制，因此亲子间的互动很少。他们对儿童缺乏最基本的关注，对儿童的行为缺乏反馈，且容易流露厌烦、不愿搭理的态度。如果儿童提出诸如物质等方面易于满足的要求，父母可能会对此做出应答；然而对于那些耗费时间和精力的长期目标，如培养儿童良好的学习习惯、恰当的社会性行为等，这些父母很少去完成。

这种教养方式下的儿童与放纵型教养方式下的儿童一样，具有较强攻击性，很少替别人考虑，对人缺乏热情与关心，这类孩子在青少年时期更有可能出现不良行为问题。

综上所述，教养方式是指父母将社会价值观念、行为方式、态度体系及社会道德规范传递给儿童的方式。教养方式有下列类型：

权威型教养方式——父母树立权威，对孩子理解、尊重，与孩子经常交流及给予帮助的一种教养方式。

专断型教养方式——父母要求子女绝对服从自己，对子女所有行为都加以保护监督的一种教养方式。

放纵型教养方式——父母对子女抱以积极肯定的态度，但缺乏控制的一种教养方式。

忽视型教养方式——父母对子女缺少爱的情感和积极反应，又缺少行为要求和控制的一种教养方式。

以上四种类型是比较典型的，但在现实中，有些家庭的教养方式属于中间型。并且，随着孩子的成长和家长本身观念的变化，家庭教养方式也会发生改变。整体而言，在孩子小的时候，家长应该对其多给予爱和关怀，并且应在这时更多地控制孩子的不良行为。当孩子长大一些的时候，家长应及时听取孩子的想法，对于孩子自己的事情，要多和孩子商量，共同制定合适的解决方案。

2. 家庭治疗

（1）概念：家庭治疗是以家庭为对象实施的团体心理治疗模式，其目标是协助家庭消除异常、病态情况，以执行健康的家庭功能。家庭治疗的特点：不着重于家庭成员个人的内在心理构造与状态的分析，而将焦点放在家庭成员的互动与关系上；从家庭系统角度去解释个人的行为与问题；个人的改变有赖于家庭整体的改变。

（2）结构派家庭治疗：Minuchin 于 20 世纪 60 年代早期开始他的家庭治疗职业生涯。当时他发现有问题的家庭共有两种模式：一些家庭缠结，处于混乱并且紧密的相互联结；另一种家庭则脱离，孤立并看似无关。这两种家庭类型都缺乏对权利的清晰界线，过于纠缠的父母过分卷入到他们的子女之间，由此丧失了父母的领导权和控制权。结构派家庭治疗提供了这样一个蓝图，并且提供了组织策略治疗的基础。结构派家庭治疗有三个最基本的组成要素：结构、亚系统和界线。结构派家庭治疗的技术主要包括两个一般性的策略，首先治疗者必须适应家庭以真正地'加入'到家庭中。挑战家庭所偏爱的关系模式往往会引发家庭的阻抗。相反的，若治疗者开始理解并接受家庭，家庭更可能接受治疗。一旦实现了最初加入家庭的目标，结构派治疗者开始使用重新组织的策略。

这些积极的策略通过增强松散的界线以及放松僵硬的界线已达到打破功能不良的结构的目的。1981 年，Minuchin 搬到纽约并成立了当今非常著名的 Minuchin 家庭治疗中心。另外对与结构派家庭治疗还有一些简单实用有效的技术值得介绍：模仿意指以效仿行为举止、风格、情绪范围或沟通内容等方式参与家庭的过程。治疗师可能谈到个人经验。这些作法有时候是自发的，有时候是设计的；无论如何，他们通常具有增加治疗师与家庭的关联的措施。行动促发是指治疗师将外在的家庭冲突带入治疗会谈中，使得家庭成员可以展示其处理方法，治疗师也可以观察其过程，并且开始找出修正其互动和造成结构改变的方法。治疗师使用这种技术主动地在治疗时间内创造出使家庭成员表现出功能不良沟通的场景。

（3）何时使用家庭治疗

①家庭治疗较多地用于青少年的行为问题，如学习问题、交友问题和神经症性的问题，进食障碍和心身疾病，青年夫妻的冲突等。

②当家庭成员间有冲突，经过其他治疗（个体治疗）无效的，或是在个别治疗中不能处理的个人冲突，或是家庭对个被治疗起了阻碍作用，可以寻求家庭治疗。

③症状虽反应在某人身上反映的却是家庭系统有问题、家庭过于忽视或过分焦虑患病成员的治疗、家庭成员要求参与某个病人的治疗、家庭中有一个反复复发的精神心理疾病的患者、家庭中某人与他人交往有问题的时候，有必要考虑家庭治疗。

④在重性精神病发作期、偏执性人格障碍、性虐待等疾病病人中，先不考虑首选家庭治疗。如果有其他肯定的精神病理问题，如心境障碍、精神分裂症等，家庭治疗可作为辅助手段。

3. 自我中心

皮亚杰提出的心理学名词。指儿童在前运算阶段（2－7岁）只会从自己的立场与观点去认识事物，而不能从客观的、他人的立场和观点去认识事物。

（1）主要表现

我们不难发现有这样一些人，他们存在着过于浓厚的自我中心观念，凡事都只希望满足自己的欲望，要求人人为己，却置别人的需求于度外，不愿为别人做半点牺牲，不关心他人痛痒，表现为自私自利，损人利己。要求所有的人都以他为中心，恨不得让地球都围绕他的意愿转，服从于他。他们只要集体照顾，不讲集体纪律，否则就感到委屈、受不了。却不愿从客观实际出发，不能服从他人及集体。这种人强烈希望别人尊重他，却不知道自己也得尊重别人。总之，这些人心目中充满了自我，却唯独没有他人。其问题出在自我意识过浓，走向了以自我为中心的极端，或者说个人主义思想严重。

自我中心主要表现在以下三个方面：

①少关心别人，与他人关系疏远：由于这种人时时事事都从自己的利益出发，不顾别人，有事则登三宝殿，而不求于人时，则对人没有丝毫热情，似乎人人都是为他服务。实际上，人类的交往是互惠的，"人人为我，我为人人"，对于这种自我中心的人，任何人都不愿以大的代价去获得小的收益。

②固执己见唯我独尊：这种人在人群中总是以自己的态度作为别人态度的"向导"，别人都应该与自己一样的态度，而且这种人在明知别人正确时，也不愿意改变自己的态度或接受别人的态度，因而难以从态度、价值观的层次上与别人进行交往，整个交往的水平很低。

③自尊心过强、过度防卫、有明显的嫉妒心：这种人有很强的自尊心、事无巨细、不愿损伤自己的自尊、强烈地维护着自己，因此他们不希望或不愿意别人在自己之上，对别人的成绩、成功非常地妒忌，对别人的失败幸灾乐祸，不向别人提供任何有益的信息。

（2）自私与自我中心

自我中心所涵盖的构念较大，而"自私"的构念通常包含于"自我中心"里。两者最大的差别在于，自私是指个体面临自己利益与对方冲突时，会不计对方损失，以满足自己利益为主；然而，自我中心并不一定涉及与"利益"相关的命题，例如有时候自我中心者伤及的并非对方的利益，而是对方的心理感觉或两人长期的关系。此外，自私者在进行自私行为的同时，通常能察觉自己的行为可能损及别人的利益，但仍按照自己利益不择手段；而自我中心者的意识则不那么明显，换言之，他们有时候知道自己如此行为会伤害别人，有时候却不那么清楚自己行为的后果。但两者都有一个共通点，就是决定了之后便一意孤行，并且很可能在遭受批评时名正言顺的说："我就是这样的人，没办法。"

（3）成因

作为一个人个性特征的自我中心，显然它的产生是在身心发展过程中随着个性的发展而形成的，是自我意识发展的畸形产物。人的自我意识的发展是以特定的生理和心理发展水平为其前提的，从知道我与外界的区别，到自我评价，再到自我理想。这其中，个体进入青春期而引起生理、心理的急剧变化，是自我意识发展突变的里程碑。在这一发展过程中，一些人死守自己的一切自尊，将自己困在狭窄的自我圈子里，竭力为自己建立一个完美的形象却又无力"独立作战"，而强烈的自尊使得他们不愿意接受任何人的援助之手，自以为是，将自己当作成熟的大人，由此而在人际交往中处处表现为自我中心。

（4）克服

人际交往都讲求互惠的原则，希望别人对自己好，那么自己也应如此。自我中心该有相应的付出。如果在交往中为了满足自己的，处处维护自己的自尊，与其他人造成对立，最终只能将自己封闭起来，将自己与外界隔离开来，处于自我封闭和自我隔绝的状态。对有自我中心这种严重的心理障碍的人来说，应该正视社会现实，学会礼尚往来，在必要时做出点让步。学会尊重、关心、帮助他人，这样才可获得别人的回报，从中也可体验人生的价值与幸福。加强自我修养，学会控制自我的欲望与言行。自我中心是一种人格缺陷，在社会交往中碰壁后回陷入懊恼和痛苦之中，从而诱发抑郁症、焦虑症等心理疾病。

五、心得体会

爱是一种能力，父母是终身需要学习的职业，先完善自己吧！明白怎样的表达是对孩子最好的爱，不是包庇，不是袒护，不是完全的满足，让孩子学会自理、学会自律、学会思考，帮助他锻炼独自飞翔的翅膀，并目送他渐行渐远……

我怕我会忍不住跳下去

一、案例介绍

小云，女，大二上学期经医务室医生介绍接受心理咨询，2005 年该生参加高考前三天，母亲因车祸去世，担心告知该生会影响考试，所以隐瞒，但在考最后一科的时候还是知道了，所以考试考砸了，来到专科学校，来到学校后感觉不满意，自我调整一段时间但效果不明显，向父亲提出要转学，父亲不同意，而且也不知道可以转到哪里去，心情很糟糕，当下出现睡觉早醒及心理恐慌，宿舍在五楼，看到阳台或者住在宿舍中都会害怕自己会掉下去，目前学习成绩不好，与同学的人际关系也不好，希望可以适应环境把学习搞上去。

目前状态一塌糊涂

宿舍内共有四名同学，与另外三名同学关系不好，而且宿舍内也没有学习氛围，自己是很在意学习的，高中的时候是年级前五名，但是现在只有班级 20 多名，对学校不满意，准军事化管理的模式可以接受，但是觉得具体做法太过形式化，对自己的个性是一种束缚和压抑，所以在目前的生活中找不到让自己开心的点，觉得一切都很糟糕，一塌糊涂。

恐慌体验的来源

该生认为目前最让自己感觉害怕的是住在五楼，总是担心自己会掉下午或者跳下去，这种担心和恐慌的感觉一直存在，认为是最近的一次公交车体验之后开始出现恐慌情绪的。坐公交车时，车上人很多很拥挤，感觉很闷，在半路上车子又出了故障，自己很害怕，想下车，司机不允许，自那以后就会一直有恐慌的感觉了。

负性情绪的来源

经测试和精神卫生中心诊断，该生为重度抑郁，中度焦虑，小云认为测试结果很准确，自己确实感觉很糟糕，很不开心，会经常哭泣，每天也会担心很多事情，包括学习、人际关系和生命安全，她认为自己所有的不开心是因为一个根源事件引发的，在大一刚开学的时候，自己理了新发型，在路上碰到两个男生，那两个男生很明显的取笑自己，这对自己造成了巨大的伤害，这种伤害一直持续到现在，男生的异样和嘲笑引发了自己的负性情绪，认为自己很孤单而且无力抗衡，也不大会主动去结交新朋友，人际关系受到很大影响，现在只想逃避，所以引发了一系列的表现，包括想退学、转学、不住在宿舍进行走读等。

害怕死亡

除了心情不好、经常有害怕的感觉之外，身体也有了不舒服的感觉，感觉脑子里有不舒服的感觉，想去医院检查看看是不是有问题，恐慌的时候是比较多的，天气热会恐慌、天黑会恐慌、公交车拥挤会恐慌、住在高层会恐慌、回到家里想到家里的刀具会恐慌，害怕自己会伤到自己，那么到底怕什么呢？害怕死亡，因为妈妈的突然去世，让自己对死亡恐惧，对不可知的未来恐惧。

二、案例分析

1. 该生患有广泛性焦虑，伴随重度抑郁

该生在情绪的体验上以焦虑为主，经常感觉不安、紧张、甚至恐慌，持续时间长于三个月，有失眠，经常感觉紧张，甚至出现头部不适感觉，对外界刺激过分敏感，但焦虑的程度还没有达到焦虑症的程度，属于广泛性焦虑中的持续性焦虑。该生因为焦虑症状一直没有得到有效缓解，而且在学校中碰到适应困难，生活环境中的负性体验加重了抑郁体验，伴随有重度抑郁。

2. 母亲的突然离世是所有问题的症结所在

小云所有不安、紧张、恐慌的根源均与死亡有关：公交车上的胸闷、气短的体验、天黑时的紧张、担心自己会从五楼阳台掉下去或跳下去、害怕家里的刀具等，而这些担心是在妈妈车祸去世之后相继出现的，所以小云的广泛性焦虑的根源是在妈妈的突然离世。

3. 小云的不合理认知导致其自卑心理

小云的性格是内向而敏感的，她的自我认可度很低，认为在自己身上凡是不好的事情都一定会实现，所以做事会比较退缩，久而久之，形成了恶性循环，心理咨询要打破这一循环，调整其不合理认知，让小云看到自身的优点和能量。

三、治疗方法

1. 药物治疗

小云在上海市精神卫生中心定期治疗，被诊断为广泛性焦虑症，接受药物治疗。药物对广泛性焦虑症的治疗是非常有益的，特别能够快速解除急性焦虑，保证其它治疗的顺利进行。现在有多种抗焦虑药物药物可供选择，药物的选择应个体化，根据焦虑障碍的严重性、可能的副反应以及病人对治疗的依从性来选择，小云要服用抗焦虑和抑郁的药物。在治疗焦虑症时，药物治疗普遍与其它治疗结合使用。

2. 告别仪式直面母亲的去世以及内心的恐惧

妈妈的突然离世对小云而言是一种巨大的刺激，因没有见到妈妈最后一面有着深深的遗憾，同时也深刻的体会到了死亡的可怕和生命的无常，对这一部分要进行专门的处理，帮助小云面对妈妈的离世和死亡恐惧。在咨询中，请小云带来妈妈的照片一张，将妈妈的照片放在较高的椅子上，请小云与妈妈对话，告别仪式的目的在于释放内心的情感，弥补内心的遗憾，减轻心中的自责，聚焦将来的生活。

3. 认知行为治疗调整不合理认知并进行人际交往技能训练

药物治疗和心理治疗是焦虑症治疗的两条腿，缺一不可，药物治疗虽然能够暂时性的缓解焦虑症状，但却并不能根治焦虑症，需要多管齐下。小云存在不合理认知并且缺乏人际交往技能，可以通过认知行为治疗调整认知和训练技能。

四、知识链接

1. 广泛性焦虑

（1）概念

广泛性焦虑症，表现为广泛而持久的焦虑。程度比急性焦虑轻，持续时间长达 3 个月以上。常诉额、枕头痛、失眠易紧张、不能放松、易惊跳、有出汗、心跳、口干、头昏、喉部梗塞感等。检查可见焦虑面容、肢端震颤、腱反射活跃、心动过速或瞳孔扩大等。

（2）症状

①焦虑情绪：焦虑症患者有明显的不愉快情绪。轻者感到紧张、不安、较重的患者会感到担心、忧虑或害怕；病重者会感到恐惧或惊恐。焦虑情绪又可细分为持续性焦虑、发作性焦虑和伴随性焦虑等几种类型。广泛性焦虑的形成有什么原因？

②运动性不安症状：焦虑症患者多有运动性不安的表现。轻者表现为紧张和不能放松，如不能静坐、搓手顿足、来回走动，可以见到眼睑、面肌或手指震颤。患者可有明显的焦虑表情，如双眉紧锁或面部绷得紧紧的，或出现全身肌肉紧张甚至僵硬。较重者会感到战栗或发抖。

③自主神经活动增强症：床表现有心前不适、心悸、心跳加快、气促、呼吸困难或过度换气、窒息感受、头昏、视力模糊、出汗、面部发红或苍白、口干、吞咽梗阻感、胃部不适或恶心、痉挛感、腹痛、腹泻、尿频等。有的可能出现阳痿、早泄、性欲缺乏等性功能障碍，女性可能出现月经紊乱。惊恐发作时自主神经活动增强症状也呈发作性，而且十分突出。

④警觉性增高症状：处于焦虑状态的个体，觉醒度明显增高，多有明显的睡眠障碍；此外，焦虑症的临床表现还有患者对外界刺激的过分敏感，容易出现惊跳反应，甚至是一些微小的刺激都可以使他惊跳起来；容易激惹，可因一点小事大发脾气；惊恐发作时，患者处于高度警觉状态。

（3）形成原因

①躯体疾病或者生物功能障碍虽然不会是引起焦虑症的唯一原因，但是，在某些罕见的情况下，病人的焦虑症状可以由

躯体因素而引发，比如，甲状腺亢进、肾上腺肿瘤。而且，许多研究者试图发现，是不是焦虑症患者的中枢神经系统，特别是某些神经递质，是引发焦虑症的罪魁祸首。很多研究集中在两个神经递质上：去甲肾上腺素和血清素。很多研究发现病人处于焦虑状态时，他们大脑内的去甲肾上腺素和血清素的水平急剧变化，但是，我们并不很清楚这些变化是焦虑症状的原因还是结果。

②认知过程，或者是你的思维，在焦虑症状的形成中起着极其重要的作用。研究发现，抑郁症病人比一般人更倾向于把模棱两可的、甚至是良性的事件解释成危机的先兆，更倾向于认为坏事情会落到他们头上，更倾向于认为失败在等待着他们，更倾向于低估自己对消极事件的控制能力。

③我们发现，在有应激事件发生的情况下，更有可能出现焦虑症。

（4）危害

①影响身高：焦虑、紧张的不良情绪可能会使女孩身高变矮。现有研究表明，紧张焦虑的女孩平均身高会比开朗快乐的女孩矮5厘米，将来身高超过1.57米的可能性要减少2倍，身高超过1.62米的可能性更会减少5倍。

②降低人的生活质量：焦虑障碍是一种长期性的负面性情绪障碍，可导致多种身体疾病，如：高血压、冠心病、胃肠疾病甚至癌症等。这对现代人的身心健康、生活质量和社会功能的发挥构成了重大威胁。

③伴发躯体不适症状：如，连续头晕或暂时失去记忆、直肠出血、脉搏加速、手掌冒汗、慢性背痛、颈痛、慢性或严重头痛、颤抖、荨麻疹、情绪过度紧张无法承受、失眠等症状。

④可能遗传：目前的研究发现，焦虑和抑郁在遗传、生

化、免疫、内分泌、电生理和影像学等方面既有联系又有不同，但二者都有遗传潜质。

2. 面对丧亲的处理

（1）引导丧亲者接受丧亲事实

帮助丧亲者认识，面对，接受丧亲事实，是成功干预的第一步。开始，丧亲者往往存在否认倾向，为了接受丧亲事实，需要与丧亲者围绕死者去世事件，开放式讨论死者在什么情况下离世，具体情况如何，是否瞻仰遗容，打算如何处理死者遗物，如何安排葬礼，是否已经拜访死者墓地，这些有助于丧亲者接受亲人离世事实。避免说去了天堂，远走了等缺乏现实性词语，而是直接说死亡，去世等词语，有助于增强丧亲者丧亲的现实感。

（2）对丧亲者实施哀伤的心理教育

面对亲人突然离世，没有任何心理准备，往往出现强烈情绪反应，正常生活模式完全打乱，丧亲者对这些认识不足，看到干预者参与，产生自己要疯狂的或者耻辱感。帮助丧亲者了解什么是正常的哀伤行为，接受自己目前看似异常的正常反应。如果丧亲者在事件后，不沟通，不表达的行为模式，丧亲以后，表面看似平静，但是会把痛苦深深隐藏起来，陷入冲突与逃避的模式，导致身心疲惫，精神崩溃。对那些反复说"我没事"的丧亲者，要重点进行心理辅导，告诉他们丧亲是每一个人都会经历的特别体验，人在悲伤时的痛哭都是自然情感反应，不是脆弱无能的表现，但是内心很痛苦压抑，反倒容易影响自己以后的健康，这些是已故亲人不意愿看到的，只有自己发下防御，认真体验并且正确表达哀伤过程中的感受，才能有助于个体成长。

（3）鼓励丧亲者用语言表达内心感受及对死者的回忆

如果丧亲者能够清晰具体表达不同层次的情绪感受，有助于顺利渡过哀伤期。丧亲者感到内疚、自责、悔恨、羞愧等情绪，反映自己的哀伤，渴望与其重建关系。干预者需要理解逝者在丧亲者心中那独一无二的，无可替代的重要性，鼓励丧亲者停留在感受层次，进行探索与分担。如果丧亲者还没有奇怪层次的适度表达，不要直接上升到理性层次，不要先告诉对方"你要坚强"，"我诸多你的感受"的表达，这样会给丧亲者压力，阻碍他的感受表达，脆弱表达。需要给丧亲者创造奇怪层次的适度宣泄，一起聊天，表达，痛哭，沉默，回忆。

　　（4）向死者仪式性的告别

　　鼓励丧亲者去寻找纪念亲人的标志，仪式性的告别，共同探讨遗物的问题，只要不影响正常的生活就可以保留。向死者写信，烧去，放飞，埋葬，网墓等。

　　（5）完善社会支持系统

　　①社会支持是个体在应激过程中从社会各方面能够得到的精神和物质的支持。是丧亲者从灾难中恢复的最重要，最有效的方面。

　　②提供具体的帮助与支持。陪伴，握手，接触，使他不孤独。料理后事，处理遗物，照顾孩子，提醒饮食，也是支持方式。

　　③构建社会支持网络图。按照亲近程度由近及远，分别写出名字，注明帮助能力，尽可能具体化，是情感支持，信息支持，金钱支持，权利支持等。

　　④强调社会支持的相互性。当丧亲者的控制力恢复后，恐惧，焦虑就下降。向丧亲者强调社会支持的相互的，不能只收获，不播种，可以在适当时候为他人提供帮助，增加自我肯定感。

五、心得体会

　　该生的症状诊断时极易导致焦虑症和抑郁症的混淆，焦虑症一般会伴随抑郁状态，但非抑郁症，而且该生的症状也易产生强迫思维的联想，精准的诊断至关重要。

大学读得好辛苦

一、案例介绍

小凯，男，刚入校一个月不到的大一新生，辅导员向我反映该生入学后情绪低落，经常流露出要退学的想法，生活自理能力差，宿舍内务拖寝室后腿，不能适应学校准军事化管理的节奏，饮食不习惯，每天要请假外出就餐，该生的妈妈与辅导员有多次电话沟通，希望辅导员能够做通孩子的思想工作，打消退学的念头，辅导员多次沟通效果不明显，便推荐该生来心理咨询，小凯很乐于接受咨询。

我不喜欢这个学校

小凯说话声音又快又轻，要很努力才能听清楚他的话，他高考分数很高，但是高考的志愿是父母帮忙填的，虽然他的意愿是要读一个重点大学，但父母考虑到就业，坚持让他报考这所专科学校的专科专业，他反抗无效也就屈从了，但是心情一直不好，来到学校后发现很不喜欢学校准军事化的管理模式，感觉不像个大学，学习的专业也不喜欢，感觉现实与理想的落差太大，心中不甘，现在忙于收集上海其他高校的信息，想复读重新高考，但是现在还没有离开学校，而且妈妈也不同意，又害怕准军事化管理这方面被同学落下，出现恐慌的心理。

我不开心

小凯说自己心情很差，每天就在矛盾中度过，父母态度很明确，自己虽然不甘心但也不知道能怎么做，学校里还有生活不适应和人际关系的问题，晚上会失眠，对什么事情都不太有兴趣，觉得自己无用，甚至有绝望感，做了抑郁自评量表后发现小凯存在抑郁症状，自己在遵照父母的要求努力适应学校，但心里还是不情愿，好在辅导员能够体谅自己，允许自己可以早上不出操，能够好好的休息下。

二、案例分析

1. 小凯属于学校适应不良的一般心理问题

小凯在进入大学后一个月内集中表现为情绪低落，不能接受学校管理模式和学习内容，不能融入新的人际关系，存在失眠现象和心理恐慌的现象，存在自卑和绝望感，有抑郁情绪但没有达到抑郁性神经症和抑郁症的程度。

2. 自我同一性获得中出现的问题

小凯18岁，正值自我同一性形成时期，因与母亲关系紧密，而且母亲很强势，上大学之前习惯于听从父母的安排，但在上了大学之后，因理想与现实的差距，以及自我意识的苏醒，对父母的安排有了不同的意见，并且比较坚持自己的想法，属于自我同一性达成过程中出现的阶段性问题。

3. 辅导员老师为其提供了良好的社会支持

小凯因为之前的生活均是母亲照料，生活自理能力很差，不能适应学校的准军事化管理，对学校和所学专业不满意，出现了比较严重的学校适应不良，在他进行调整的关键期，辅导员为其提供了良好的社会支持，允许他在队列训练和宿舍内务方面有一个缓冲期，而且也动员班上同学和宿舍同学给予他更多的理解和支持，这为小凯顺利度过这一适应不良的阶段提供了强有力的支持和保障。

三、治疗方法

1. 人本主义疗法接纳他和倾听他

小凯在进入大学后，诸多不顺，心情很差，自我感觉很糟糕，想尽快离开这里寻找到自信阳光的自己，首先采用人本主义流派的方法，充分尊重他，以客观中立的态度接纳他的想法和做法，帮助小凯宣泄不良的情绪，倾听他的烦恼和计划。

2. 认知疗法调整不合理的信念

小凯存在不合理认知，认为大学就不应该是严格的管理模式，所以对学校的一切产生排斥和否定，认为准军事化管理浪费时间，认为如果去了综合性大学就一切问题都解决了，采用认知疗法进行对质，让小凯认识到新生入校适应是大学生常见的问题，管理模式的松和紧也绝非大学的判定标准，对专业的不喜欢的判断依据是什么？是否了解这个专业的学习内容和方法，自己是否有心仪的专业和学校，如果复读要面临怎样的风险和抉择等，让小凯认真思考复读的成本和风险以及自己否定学校和专业的客观性。

3. 行为疗法进行生活适应和人际关系适应的训练

让小凯困扰的很重要的原因是人际关系问题和和生活自理能力较差，通过行为疗法进行人际交往技巧训练，帮助小凯适应住宿生活，并学会快速结交朋友和维持友谊，通过同学帮助和自己努力来保持内务的基本达标，不给宿舍扣分。

经过多管齐下，在入校三个月左右小凯已经能够适应学校的环境和专业，并且自我感觉良好，在三年后顺利进入海关工作并成为了业务骨干。

四、知识链接

1. 适应不良综合征

（1）概念

凡是生活、学习和工作环境发生了重大改变，个体的心理、行为特征无法适应，出现异常，轻者造成自我迷茫、困惑、苦闷、迷失、烦躁、失眠或日夜颠倒、不善于与人交往，难以融入新环境、情绪不稳，冲动任性，会无故叫喊，无耐心，做事急匆匆、注意力不集中等等；重者容易诱发各种心理障碍和心理疾患，甚至出现各种犯罪或自卑、自杀倾向。这种受环境改变精神上的紧张、干扰，而使自己思想上、情感上和行为上发生了偏离社会生活规范轨道的现象称谓"适应不良综合征"。

高校学生"适应不良综合征"，是最常见的一类心理行为异常病症，有些含蓄、沉静、内向的新生，不善于与人交往，难以融入新环境。他们中严重的感到迷茫、困惑、苦闷，患上了"适应不良综合征"。心理落差也使他们苦闷。有的学生在中学时代是同学的偶像、有老师宠着。但进了大学之后发现自己非常普通，由此产生强烈的失落感。担心自己会辜负父母、亲朋的期望，情绪焦虑，郁郁寡欢，开始出现偏执、焦虑的情绪。

（2）心理学原理

①应激反应：应激是在出乎意料的危险或紧张情况下所引起的反应。应激事件是指对一般人来说都是相当危险或十分严重的事情，如亲人死亡、考试失败、家人分离、遭受挫折、意外打击、罹患不治之症、受辱、被盗、失火、天灾人祸、战争

情境等皆为激性事件。这些突如其来的事件出现在每个人面前，会引起人们的应激反应，即引起人们心理和躯体上的一系列反应，出现心理和行为异常。轻者表现为情绪紧张、感觉过敏、惊慌失措、疲劳无力等；重者为抑郁、恐惧、焦虑、木僵、遗忘，以及植物性神经功能紊乱（如心悸、多汗、厌食、恶心、尿急、颤抖等）；更重者出现肢体麻痹、失明，甚至导致休克或死亡。

②适应不良反应适应：不良反应由各种精神刺激所引起，持续时间较长。其作用的性质和强度因人而异。在同样的情景刺激下，有的人很快地适应，有的人慢慢适应，有的人根本不能适应，造成适应不良。适应不良，不同人表现也有差异，有人以情绪障碍为主，表现为抑郁、悲痛、烦恼、焦虑、恐惧等；有的人以行为障碍为主，导致攻击性和反社会的行为。

2. 自我同一性

（1）概念：即青少年同一性的人格化，是指青少年的需要、情感、能力、目标、价值观等特质整合为统一的人格框架，即具有自我一致的情感与态度，自我贯通的需要和能力，自我恒定的目标和信仰。

（2）青少年时期（12－20左右）的一个核心问题是自我同一性的发展，它将为成人期奠定坚实的基础。同一性并不是在青少年时期才出现的，早在幼年时期，儿童已经形成了自我感知。但是，青少年时期却是个体第一次有意识地回答"我是谁"的问题。这一阶段的冲突是：同一性和角色混乱。

（3）体验：

有学者认为，青少年的自我同一性至少包括三个方面的体验。首先，他感到自己是一个独特的个体，虽然可能和别人共同完成任务，但是他是可以和别人分离的。其次，自我本身是统一的。自我有一种发展的连续感和相同感，现在的我是由童年的我发展而来的，将来我还会发展，但是我还是我。最后，自我设想的"我"和自己体察到的社会人眼中的"我"是一致的。相信自己的目标以及为达到这个目标所采取的手段是能被社会承认的。

如果年轻人不能达到自我同一性的确立，就有可能引起同一性扩散或消极同一性发展。个体在自我同一性确立的过程中，如果难以忍受这一过程中的孤独状态，或者让别人去把握自己的决定，或服从别人的意见，或回避矛盾，拖延决定，就会不能正确选择适应社会环境的生活角色。这类个体无法"发现自己"，也不知道自己究竟是什么样的人和想要成为什么样的人。他们没有形成清晰和牢固的自我同一性。消极同一性是指个体形成与社会要求相背离的同一性，形成了社会不予承认的，反社会的或社会不能接纳的角色。

（4）发展情形

James Marcia 提出青少年同一性发展的四种情形。它们是同一性达成、同一性拒斥、同一性分散、延期偿付。

①达成

同一性达成表明个体考虑了各种实际选项，做出了选择，并实践选择。在结束高中学习生活之前，似乎没有学生能够达到这种情形。跨入大学校门的学生也需要花一定的时间做出决定。对一些成人来说，在他们生命中的某一阶段，也许会达成稳固的自我同一性。之后，还可能放弃前一种同一性，而形成新的同一性。对某一个个体而言，自我同一性一旦达成，也不意味着一成不变。

②拒斥

描述的是个体过早地将自我意象固定化，没有考虑各种选择的可能，而停止了同一性的探求。同一性拒斥的青少年往往缺乏主见，遵从他人的目标、价值观和生活方式。这里的他人包括父母、宗教群体等等。同一性完成过早的人会显得刻板与肤浅，不会沉思，应变能力差，但很少会忧虑。这类人倾向于与父母保持密切的关系，并采纳父母的价值观。他们喜欢有组织、有秩序的生活，尊重权威。

③分散

同一性性分散是和同一性拒斥联系在一起的。个体很少"发现自己"，不知道自己是谁，不知道想做什么，没有明确的发展方向。经历着同一性分散的青少年无法成功地做出选择，或者他们会逃避思考问题。缺乏兴趣，孤独，对未来不抱希望，或者可能很叛逆。他们宁可塞着耳塞听音乐或睡觉，也不愿意接触父母和老师。

④延期偿付

关于青少年在各种选择中的思想斗争过程，埃里克森用了一个"延期偿付"的词语来描述，表示青少年延迟做出个人生活或职业的选择和承诺。埃里克森认为，在一个复杂社会，在这个"延期偿付"的阶段，青少年势必会经历自我同一性危机。而今，这一阶段不再称为危机了，因为对大多数人来说，自我同一性的达成是一个逐渐缓慢的探索过程，而不是外在的急剧变化。延期选择很正常，而且是健康有益的。

延期偿付和自我同一性达成都被认为是健康的。青少年亲自去做一些试验，摒弃不适合的东西，发现适合自己的生活方式，寻找根源。这些是建立牢固自我同一性的重要部分。那些无法跨越同一性拒斥和同一性分散的青少年不能很好地适应。同一性分散的青少年经常放弃，把自己的生活归结为命运。和一大群人在一起，极可能吸毒。同一性拒斥的青少年很刻板，不宽容，独断，自我防御。学校为青少年提供的社区服务，工作实习和教师指导有助于自我同一性的形成。

五、心得体会

新生入校适应是大学生常见的一般心理问题，作为高校心理工作者要对此有充分的认识并主动组织活动帮助有需要的大学生尽快完成角色转变，帮助大学生尽快度过这一痛苦期并慎重做出退学的决定。

我有一个爆脾气

一、案例介绍

小明，进入大学之后就表现出比较多的问题，和同学关系不好，脾气很暴躁，会控制不住的和同学或者老师发火，在大一的下学期，辅导员老师建议他来接受心理咨询，小明不排斥心理咨询。

我在学校很孤单

小明说他来到学校半年多的时间，觉得很孤单，没有人可以交流，没有什么朋友，与舍友和同学也没有什么共同话题，他觉得交朋友要找优秀的人，但真的太优秀，又觉得这些人自我感觉太好了，野心太大，对自己摆架子，觉得很不爽，不如自己的人又太差，没有交往的必要，快一年的时间也没有找到自己可以看上眼可以谈心的人，周围的人都不够好，这些人对自己也不好，甚至有可能会害自己，所以自己先对这些人不好，不理他们，把自己封闭起来是最安全的做法。

学业优秀最重要

小明认为学业成绩最重要，学业成绩好这个人就优秀，否则就一文不名，他咨询的目标之一是提升学习成绩，希望能够从班级 10 名左右提升到前 3 名，即将参加英语四级考试，希望自己能够获得 580 – 600 的分数，最好能达到 600 分以上，能够参加英语竞赛或者口译等更好，他反复提到希望自己能在上层，在努力的追求卓越和出色，而学习成绩是最重要的指标。

感情的事太折磨人

小明有一个喜欢的女孩子，但这个女孩子的态度一直比较模糊，自己很努力的接近这个女孩，表达自己的关心，痛与快乐并存，后来向这个女孩表白，也交往了一段时间，不过最后女孩又喜欢了别的男生，最后拒绝了自己，并且很快的与那个男生走在了一起，心中很难受，难以接受这样的结果。同时有一个师妹喜欢自己，总是会想尽办法来找自己，和自己接触，但自己不喜欢这个女孩，所以应付这个女孩也让自己很吃力，很心烦。

脾气不好经常出事

当小明认为别人对自己有意见，或者做了对不起自己的事情时，他会非常生气，认为这些人是故意在耍阴谋，要对自己不利，所以难以控制的爆发，有多次与宿舍同学冲突，与一位舍友的矛盾比较突出，他认为那个同学特别小气，看不惯他，一天晚上那个同学大声唱歌，让自己很烦，就骂了他并动手打了他，一次动了剪刀，一次动了凳子，后来这位舍友转到别的房间，也有一次在课堂上与老师的公开冲突，他与老师吵了起来，甚至骂了老师，事后自己很后悔也很害怕，小明说他的坏脾气与家庭有关，父亲是军人，母亲是家庭主妇，父亲对他要求很严厉，与母亲交流很少，父亲采用简单粗暴的方法居多，会打他，这种情况一直持续到高中毕业，平时交流多以命令式的口吻告诉他应该做什么不该做什么。在进入大学之后，父亲注意增加与儿子的沟通，两人每天通电话，他向父亲汇报在校情况，并向父亲咨询做事的建议。

跳楼事件

小明大三上学期一天晚上在六楼宿舍走廊中与父亲打电话时发生冲突。事情起因是当天下午他向父亲咨询追求喜欢的女生的技巧，被父亲批评，父亲希望他在大三学年以学业为主，不要再去考虑这些事情，这样的观点让他很难接受，他之后两次与父亲沟通，均被父亲以工作忙为由拒绝，他非常生气，21：30 分他再次与父亲沟通，父亲仍坚持原来观点，他气急向父亲宣称"你以后再也看不到我了"，随后摔掉了手机，将宿舍门口的玻璃踹碎，爬上窗户欲跳楼，被闻声赶到的同学拦下，同学将他扶回宿舍，突然他再次冲到走廊的另外一处欲跳楼，身体已经到了楼外，被同学拽脚救了下来。当晚心理咨询师赶到学校进行咨询，小明说他策划自杀已经一年多的时间，主要的原因是觉得自己没有自由，父母完全控制了自己的生活，自己不喜欢但是又不敢逃离父母的安排，所以他想用自杀的方式向父母报复；他陷入了依赖父亲又排斥父亲的痛苦之中，在被救下来之后的时间里，他很担心学校的学生会知道这件事情，那么他努力了两年换来的良好人际关系就又需要重新开始，他担心大家用怪异的眼光看他。小明休整了几个星期之后回到学校上课，期间辅导员请同学照顾小明的情绪，不要过多谈论此事，小明返校后继续接受咨询并读书，顺利通过公务员考试。

经过三年多的咨询，小明的人生观、世界观有所调整，人际交往技能有很大提升，在工作岗位适应良好。

二、案例分析

1. 小明患有偏执型人格障碍

小明的主要表现为性格敏感多疑，固执自大，脾气冲动，与班级同学关系僵化，与老师、同学均发生过争执，经了解该生因家庭的教养方式，对人对事形成了不良的处理模式，性格内向而多疑，不善于表达自己的想法与情绪，脾气变化无常，特别容易记恨，做事易走极端，属于偏执型人格障碍。

2. 家庭关系与压力是根源

小明父亲简单粗暴的教养方式、家庭对学习成绩的过度关注是小明问题的根源所在，他认为优秀的标准就是学习好，所以其他的能力没有得到良好的重视和锻炼，简单粗暴的教养方式让他也只学会了用暴力来处理问题，而在大学遇到的学业、感情以及人际交往的困难，都让他倍感压力，但又不知如何处理，所以出现了诸多的问题。

3. 小明存在不合理认知

小明存在很多的不合理认知，如以偏概全、全或无的思维、"必须"与"应该"、心理过滤等，他会坚定的认为学习好就全都好，学习成绩不好就是垃圾，智商不高的人不值得尊重；他觉得"我应该是优秀的，别人都应该不如我"；因为同学曾经与自己有过冲突，就认为他一定在搞阴谋诡计要来害自己；所有的同学都联合起来想要对付自己，孤立自己等。

4. 辅导员建立的社会支持系统帮助很大

小明的辅导员和他是老乡，同时也是一个特别善于和乐于与学生沟通的人，在小明出现了上述的不适应问题之后，辅导员老师及时介入，经常与他沟通，帮助他解决一些困难，并及时将小明介绍到心理咨询中心，在小明进行人际交往技能训练和认知调整的时期，辅导员老师非常配合，动员班级骨干给予小明更多的关心和空间，同时创造条件让小明担任学生干部，为他提供与同学接触的机会，帮助他提升人际交往自信心和胜任感，在小明跳楼事件之后，及时沟通打消小明怕同学嘲笑的思想包袱，在大学四年中，一直与小明保持良性的互动与沟通，为小明的成长提供了良好的学校支持系统。

三、治疗方法

1. 认知疗法调整认知

思维和信念模式是人格障碍的特征也是情感和行为问题的原因。对人格障碍的治疗要采用多种方法来调整其不良的认知和错误的信念模式，认知治疗技术是改变人格障碍者的认知的良好选择。小明的不合理认知较多，通过评估和挑战想法、评估假设和规则、评估焦虑情绪、检验和挑战认知歪曲、矫正对认可的需要等方法调整其认知，达到矫正的目的。

2. 行为疗法提升技能

小明具有明显的社会适应不良和人际交往困难，这也是人格障碍患者常见的问题，在通过认知治疗调整不合理认知的前提下，通过行为技术提升其人际交往技能具有重要意义，当然在治疗的过程中会经常存在反复，所以一般的人格障碍治疗都是长程的。

3. 陪伴、支持与倾听的支持性疗法提供力量

心理支持常对人格障碍者有帮助，对某些人格障碍者经过数月心理支持治疗，即可取得一定的有效进展。而对反社会人格障碍者支持治疗可能需要数年之久。支持可由咨询师、社会工作者、家人或者生活有密切关系的人来进行。经过跳楼事

件，小明的父亲观念有很大调整，从对儿子成就的追求转为对其健康的关注，所以建立了心理咨询师、辅导员、同学和家长的社会支持系统。

四、知识链接

1. 偏执型人格障碍

偏执型人格障碍是人格障碍的一种，在一般人口中的数目不详，他们很少求助于医生，如果配偶或同事伴其去治疗，他们多持否认或辩解的态度，使治疗者难以明辨真相。他们经常难以自拔，陷入难言的痛苦中。据调查资料表明，具有偏执型人格障碍的人数占心理障碍总人数的5.8%，由于这种人少有自知之明，对自己的偏执行为持否认态度，实际情况可能要超过这个比例。当他意识到自己的这一问题时，自己也是很难改变。当向外界求助时，别人的指导难以维持太久，继而又陷入从前的状态。自己也经常以多种方式疏通自己让自己走出困境但是很难。患病率为0.4-1.6%。多见于男性。

（1）病因

①早期失爱

幼年生活在不被信任、常被拒绝的家庭环境之中。缺乏母爱，经常被指责和否定。单亲家庭更易出现有偏执型人格的儿童！

②后天受挫

成长中连续地遭受生活打击，经常遇到挫折和失败。如经常受侮辱或冤屈。

③自我苛求

自我要求标准极高，并与自身存在某些缺陷之间构成尖锐的矛盾。但是从不公开承认自身的某些缺陷。如个子不高、长相不出众、才能不突出等，其实，意识深层正为此自卑。

④处境异常

某些异常的处境也使人偏执。如没有学历的人，厌恶别人谈论学历，经济状况不好的人，回避谈论经济收入问题，单亲家庭的孩子，怕别人知道自己的家庭情况。

（2）临床表现

一般于早年开始，此类偏离正常的人格一旦形成以后即具有恒定和不易改变性。智力并不低下，但人格的某些方面非常突出和过分地发展，而且本人对自己人格缺陷缺乏争正确的判断。

表现固执，敏感多疑，过分警觉，心胸狭隘，好嫉妒；自我评价过高，体验到自己过分重要，倾向推诿客观，拒绝接受批评，对挫折和失败过分敏感，如受到质疑则出现争论，诡辩，甚至冲动攻击和好斗；常有某些超价观念和不安全、不愉快、缺乏幽默感；这类人经常处于戒备和紧张状态之中，寻找怀疑偏见的根据，对他人的中性或善意的动作歪曲而采取敌意和藐视，对事态的前后关系缺乏正确评价；容易发生病理性嫉妒。此类人一般是自我和谐的，不会主动或被动寻求医生帮助。他们通常出现于信访部门或司法精神病鉴定场合。

（3）诊断

临床诊断依据病例收集、检查和对照人格障碍的诊断标准。ICD－10F60.0偏执型人格障碍的特征为：

①对挫折与拒绝过分敏感；

②容易长久的记仇，即不肯原谅侮辱，伤害或轻视；

③猜疑，以及将体验歪曲的一种普遍倾向，即把他人无意的或有好的行为误解为敌意或轻蔑；

④与现实环境不相称的好斗及顽固地维护个人的权利；

⑤极易猜疑，毫无根据地怀疑配偶或性伴侣的忠诚；

⑥将自己看得过分重要的倾向，表现为持续的自我援引态度；

⑦将患者直接有关的事件以及世间的形形色色都解释为"阴谋"的无根据的先占观念。

（4）治疗

①药物治疗

制订药物治疗计划时应检查患者有无共患疾病。对伴发焦虑、抑郁的患者采取联合治疗，可给予抗抑郁药及抗焦虑药对症处理，建议在医生指导下服药。

②心理治疗

偏执型人格治疗心理治疗的基本原理在于由心理咨询师针对来访者的症状用心理学的原理进行解释，来协助患者能对自己的心理动态与病情，特别是压抑的欲望，隐蔽的动机，或不能解除的情结有所领悟与了解。治疗的范围要包括内在的精神，人际关系，现实的适应。其最终目标乃在促进自我性格的成熟。

a. 认知提高法，由于患者对别人不信任、敏感多疑，不会接受任何善意忠告，所以首先要与他们建立信任关系，在相互信任的基础上交流情感，向他们全面介绍其自身人格障碍的性质、特点、危害性及纠正方法，使其对自己有一正确、客观的认识，并自觉自愿产生要求改变自身人格缺陷的愿望。这是进一步进行心理治疗的先决条件。家庭作业是认知治疗必不可少的一部分。在最后的咨询阶段，家庭作业应服务于预后和复发预防。

b. 交友训练法，鼓励他们积极主动地进行交友活动，在交友中学会信任别人，消除不安感。交友训练的原则和要领是：真诚相见，以诚交心；交往中尽量主动给予知心朋友各种帮助；注意交友的"心理相客原则"。

c. 自我疗法，具有偏执型人格的人喜欢走极端，这与其头脑里的非理性观念相关联。因此，要改变偏执行为，偏执型人格患者首先必须分析自己的非理性观念。

d. 敌意纠正训练法，偏执型人格障碍患者易对他人和周围环境充满敌意和不信任感，采取以下训练方法，有助于克服敌意对抗心理：经常提醒自己不要陷于"敌对心理"的旋涡中；要懂得只有尊重别人，才能得到别人尊重的基本道理；要学会向你认识的所有人微笑；要在生活中学会忍让和有耐心。

e. 沙盘游戏法，咨询可协助其整合人格、恢复心理健康。对患者进行潜意识的分析，有助于咨询师对患者制定有效的咨询方案。

（5）预后

偏执型人格障碍的经过是漫长的，有的终生如此，有的可能是偏执型精神分裂症的前奏。随着年龄增长，人格趋向成熟或应激减少，偏执型特征大多缓和。

2. 支持性心理治疗

（1）定义：支持性心理治疗的狭义定义为是一种基于心理动力学理论，利用诸如建议、劝告和鼓励等方式来对心理严重受损的患者进行治疗。治疗师的目标是维护或提升来访者的自尊感，尽可能减少或者放置症状的反复，以及最大限度地提高来访者的适应能力。来访者的目标则是在其先天的人格、天赋与生活环境基础上保持或重建有可能达到的最高水平。其广义定义是一种有广泛适用性的治疗方法，是最常用的一种个别心理治疗。

（2）基本原则：支持性心理治疗的基本原则是二元治疗，

即一方面直接改善症状；另外维持、重建自尊或提高自信、自我功能和适应技能。为了达到目标，治疗师需要检查来访者的现实或移情性人际关系，以及情绪或者行为的过去和当前模式。通过对患者的直接观察而支持患者的防御（通常应对困难处境的方式），减轻患者的焦虑，增加患者的适应能力。

通常将来访者的心理功能受损程度分为严重受损，中度受损和轻度受损，相对应的心理治疗方式为支持性，支持 - 表达性，表达 - 支持性和表达性心理治疗。

支持性与表达性心理治疗之间的一个重要区别是：支持性心理治疗一般不讨论移情，视移情为一种关系；治疗师会鼓励患者表达积极感受，如果来访者表达了一种积极感受，治疗师会接受而不会试图帮助患者理解他为何会出现这种感受。而表达性心理治疗中，分析移情是理解来访者内心世界的一个主要方法。

（3）目标与基本模式：支持性心理治疗的对话式会谈是互动性的，治疗师需要倾听或等待来访者接下来要说什么，但不会等待太久。治疗师不但要关心和接纳来访者，还要通过对来访者做出反应，给来访者一些东西。一位智慧、有主见的人给予能让来访者感到满足和放心。

对话式会谈的基本原理是通过来访者与治疗师之间的互动性关系作为治疗的工具之一。在支持性心理治疗中，来访者与治疗师之间的关系是一种两个有着共同目标的成人之间的关系，作为专业人员的治疗师要有对来访者的尊重和充分的关注、诚信和努力，治疗师运用专业知识与技能完成设定的目标。积极的治疗关系以及治疗师让来访者感觉到治疗师在指导来访者获得改善，会直接减轻来访者的无助感。在支持性心理治疗中，通常会支持或者忽略为潜意识目标服务的防御，以保护焦虑或有其他不愉快情绪的来访者。而不像表达性治疗，治疗师会对质来访者的不适应性防御方式。支持性心理治疗通过教育、鼓励、劝告、示范和预期性指导等方法来帮助来访者达到改善自我功能和适应性技能的治疗目标。

在心理动力学理论是指人的精神生活中意识与潜意识部分的相互作用，是对人的行为意义的解释。治疗师通常从症状与功能失调中去理解患者。例如：一位健康、在读大学一年级的学生，第一次从大学回家为母亲过母亲节，离开家时因为一件小事与父母发生了一场大争执，临走时感到很愤怒。他没有意识到其实自己的一部分是想继续呆在家里（依赖家人）。通过带着愤怒的情绪离开家里，保护了想待在家里的那一部分自己不会因为不得不离开家而感到难过。

（4）干预措施：当我们支持某人时，我们会使用各种策略来帮助他们避免其出现各种功能障碍，我们希望他们能好转。纯粹的支持性技术如表扬、保证和鼓励，主要是为了促进患者提高自尊。治疗师通过自身的态度向患者表达了接受、尊重和关注。同时治疗师总是向患者示范着适应、合理及良好的行为和思维方式。

①表扬：给予足够的表扬本身就是一种很好的支持性技术。这里要注意，表扬是作为适应性行为的强化刺激因子，前提是患者认同该表扬。如"告诉你母亲其实你一直都知道自己很讨厌，这是不错的一步，你认为呢？"。错误的表扬比什么都不说还要糟。虚伪和欺骗不利于良好的关系。

②保证：保证是态度应诚恳，同时必须让患者感到治疗师能够理解其特定的处境。并且要在治疗师的专业能力范围内做出保证。"正常化"对大多数人而言是一种恰当的保证技术。

③鼓励：人们总会期待努力会得到回报，鼓励会唤起记

忆。劝告是鼓励的另外一种类型。

④合理化和重构：是帮助来访者从不同的角度看待事物，在合理化和重构是要注意避免唐突的感觉，同时要避免争论或矛盾。

⑤建议：治疗师向患者提供建议可以满足依赖性的患者，但却可能会剥夺其自身成长的机会。

⑥预期性指导：预先演练或者称预期性指导技术在支持性心理治疗中也同样有效。目的是通过事先考虑将来的实际行动中可能会碰到那些问题或障碍，然后研究相应的应对策略。预期性指导技术对慢性精神分裂症患者尤为重要，因为这些患者在新的场合中更易感到担忧，对一些社交性暗示和自身的行为反应缺乏信心，害怕被拒绝，并且难以坚持到底。

⑦减轻和预防焦虑：应注意避免以质问的方式问问题，可以先告诉患者有关询问或检查的目的，以最大限度地减轻患者的焦虑。

拓展患者的意识。

拓展患者的意识其实运用的是一些表达性治疗的技术，如澄清，即总结、解释或组织患者所说的话。面质，即意味着让患者注意到他没有意识到或企图回避的行为、想法以及情感模式。阐述，即有些研究者认为阐述的工作是将患者当前的情感、想法和行为与过去的事件或与治疗师的关系联系起来。

（5）适应症与禁忌症适应症

①适应症：各种危机状态。平时功能和适应能力良好，只是在面对急性、巨大或非同寻常的应激时才出现问题的人，处于危机时比较适合接受支持性心理治疗。包括急性危机、适应障碍、躯体疾病、物质滥用障碍、突然丧亲、述情障碍。慢性疾病是支持性心理治疗的另一个适应症。

②禁忌症：对于谵妄状态、其他器质性精神障碍、药物中毒以及痴呆晚期任何心理治疗都是没有效果的。对于TOURETTE综合征、急性青少年抑郁、惊恐障碍、强迫障碍以及神经性贪食症认知行为治疗疗效更好一些。

（6）保持好治疗关系的基本原则：是为了维持治疗联盟，在支持性心理治疗中一般不对朝向治疗师的正性情感和正性移情进行重点讨论。但为了能够预料并避免治疗的破坏，治疗时需对疏远及负性反应保持警惕。而当通过临床讨论仍无法解决患者－治疗师之间的问题时，治疗时应将讨论主题转向治疗关系。治疗时可通过澄清和面质等非解释的方法，来修正患者歪曲的想法和观念。如果用间接方法仍无法解决负性移情或治疗僵局时，治疗师应该采用更为直接、明确的方法对治疗关系进行讨论。只有在处理负性移情时，治疗师才有必要使用适当的表达性技术。

良好的治疗联盟能允许患者倾听治疗师所说的话，而一旦换成其他人这样说，患者是不会接受的。有时候治疗师在表达意见，令患者感到被批评时，须用愉快或支持性的方式表达，或者预先给予指导。

（7）专家观点支持性心理治疗多年来被视为适用于那些不适合表达性心理治疗的患者，如：

①原始防御占主导（例如投射和否认）；

②缺乏建立相互关系与互惠的能力；

③无内省能力；

④因为严重自恋或自闭导致自我无法与客体分离；

⑤情绪调节能力不足，尤其是较具攻击性；

⑥躯体形式问题；

⑦与分离和个体化问题相关的过度焦虑，及分离焦虑。

但研究显示采用支持性心理治疗的患者会取得大于预期的收获，并能产生持久的性格改变。即使是适合表达性治疗的功能较好的患者，支持性治疗同样能减轻其不适主诉和改善其精神症状，而且患者通过在支持性心理治疗中与治疗师的互动而能发展处跟家分化和适应性的自我。所以其实支持性心理治疗的适用范围很广。

3. 社会支持

社会支持网络指的是一组个人之间的接触，通过这些接触，个人得以维持社会身份并且获得情绪支持、物质援助和服务、信息与新的社会接触。

依据社会支持理论的观点，一个人所拥有的社会支持网络越强大，就能够越好地应对各种来自环境的挑战。个人所拥有的资源又可以分为个人资源和社会资源。个人资源包括个人的自我功能和应对能力，后者是指个人社会网络中的广度和网络中的人所能提供的社会支持功能的程度。以社会支持理论取向的社会工作，强调通过干预个人的社会网络来改变其在个人生活中的作用。特别对那些社会网络资源不足或者利用社会网络的能力不足的个体，社会工作者致力于给他们以必要的帮助，帮助他们扩大社会网络资源，提高其利用社会网络的能力。

20世纪70年代，Raschke提出社会支持是指人们感受到的来自他人的关心和支持（Raschke，1977）。此外，还有一些心理学家也对社会支持的定义提出自己的看法。

整体来说有四大方面的看法。

①亲密关系观：人与人之间的亲密关系是社会支持的实质。这一观点是从社会互动关系上理解社会支持，认为社会支持是人与人之间的亲密关系。同时，社会支持不仅仅是一种单向的关怀或帮助，它在多数情况下是一种社会交换，是人与人

之间的一种社会互动关系。

②"帮助的复合结构"观：这一观点认为社会支持是一种帮助的复合结构。帮助行为能够产生社会支持。

③社会资源观：社会支持是一种资源，是个人处理紧张事件问题的潜在资源，是通过社会关系、个体与他人或群体间所互换的社会资源。

④社会支持系统观：社会支持需要深入考察，是一个系统的心理活动，它涉及到行为、认知、情绪、精神等方方面面。

心理学界对社会支持的研究始于 20 世纪 60 年代，是在人们探求生活压力对身心健康影响的背景下产生的（Homes&Rach，1967）。但是直到 20 世纪 70 年代，社会支持才首次被作为专业概念由 Cassel（1976）和 Cobb（1976）在精神病学文献中提出，之后，很多著名学者将其作为一门科学进行了广泛深入的探讨和研究。

五、心得体会

一个患有心理问题的孩子背后必然有一个生病的家庭，人格障碍者具有异化的价值观和行为模式，而这些都是家庭经年的馈赠，人格障碍的治疗是困难和长程的，需要个人的努力与家庭的配合，而困难在于个人与家庭很难认同自身有问题。

天天做梦怎么破

一、案例介绍

为什么我连续三年几乎每天都做梦

小然，男生，大一上学期来到心理咨询室，很苦恼，他说从高一下半学期开始每天都做梦，那个时候自己开始谈恋爱，恋情维持了一年，在高二的时候就分手了，但每天做梦的事情延续到现在，早晨醒来后都记得很清楚自己做了几个梦，而且感觉很疲劳，有昏昏欲睡的感觉。超级不喜欢这种状态，觉得自己这样子很不正常，而且坚定的认为晚上做太多梦会导致自己精神不振，精力不足，这就直接导致了高考失利，现在上课也经常犯困，影响到自己的学业，更担心会影响自己的健康。

我总是担心自己得了重病

小然感觉自己从小就有些"不正常"，如三岁才能说话，幼儿园的时候总是会梦到鬼，那个时候非常恐惧，会梦游，小学三年级到五年级中也发生过两次梦游。在小学三年级前都是和父母生活在一起的，和妈妈更亲，爸爸比较严厉，对他更多是敬畏，连带着对长相威严的人或丑些的人比较害怕，这种情况到10岁左右有所缓解，小学三年级到高三一直和爷爷奶奶在一起，父母外出打工。自己是个内向的人，在读书期间，同学会评价自己自大，骄傲等，现在与同学交往也不多，花更多时间关注自己的内心世界，对自己有比较高的要求。曾经看到毛主席因为习惯黑夜工作，白天睡觉后来得了神经衰弱，就很恐惧，觉得神经衰弱是很严重的疾病，一直担心自己会得这种病或者神经病，从高二开始由这种担心，到了高三就越来越恐慌了，而且对这类信息也特别敏感，也就对自己的睡眠情况和做梦情况更加关注了。

我确定自己是睡眠障碍

在咨询的过程中，为了帮助小然了解自己的睡眠情况，咨询师找了一些关于睡眠问题的资料给他看，小然看过之后，认真撰写了三页纸的自我分析报告，根据资料的对比，小然从十个方面进行分析后很肯定自己得了睡眠障碍，在欣慰自己的预见性的同时，表达更多的是担心，怕治疗的为时已晚，睡眠障碍给自己造成了不可挽回的伤害。

后　记

小然已经毕业5年，在半年多的咨询之后，小然对每晚做梦的担心没有了，并且决定改变自己的生活态度，更加主动的去生活，在结束个别咨询后，参加了我主持的人际交往团体工作坊，人际交往技能有很大的提升，小然的大学生活充实而愉快的结束了，目前在上海工作，没有再受到失眠多梦的困扰。

二、案例分析

1. 小然确实存在失眠多梦的情况，属于心身障碍中的失眠症根据小然的主诉，他存在入睡困难、睡眠浅、睡眠时间过少、易醒、多梦和醒后不解乏等失眠症状，而且症状远多于每周三次，1个月以上的标准；他本人极度关注失眠后果，有紧张、焦虑、恐惧和苦恼；同时也不存在造成失眠的任何基本疾病，所以小然的问题属于心身障碍中的失眠症。

2. 小然对多梦危害的担心造成的危害远大于失眠多梦的危害

小然的最大期待在于可以不如此频繁的做梦，是因为他认为如此频繁的做梦是一种病态，是给他造成身体健康危害和个人发展阻碍的重要原因，所以他的注意力每天都集中在睡觉情况和做梦情况上，当晚上睡觉有做梦时就会特别的担心，就会自我暗示我没有休息好，我现在精神不振等等，所以并非做梦这一事件本身造成了小然的困扰，关键是他对做梦的灾难化判断导致了小然的苦恼。

3. 小然性格内向敏感，特别关注个人健康问题

小然在小学三年级之前与父母生活在一起，虽然是快乐的，但是父亲对他的要求是非常严厉的，导致他对长相庄严的人很害怕，这种状况直到他三年级后与爷爷奶奶生活在一起才有所好转，虽然状况有所好转，但是严格的要求一直留在了他的生命中，他开始自我要求。小然的性格是内向敏感的，他对自己的内心世界是非常关注，对自己的身体状况也非常关注。

三、治疗方法

经过分析，小然的失眠症不需要药物治疗，通过认知行为疗法进行治疗。具体方法如下：

1. 记录每晚做梦情况和睡眠情况

让小然准备专门的记录本，记录每天做梦的内容和睡眠质

量情况，将睡醒后精力特别充沛记做 10 分，请他根据每天的休息情况给睡眠状况打分，通过一个月的记录，发现小然的梦境更多集中在小学和高中，小学阶段是小然比较快乐的时光，而高中阶段是他比较痛苦和压力很大的时期，很多的梦境内容与竞争和考试相关，通过这种记录让小然意识到自己过于紧张，虽然高考早已结束，但自己依然还没有走出来；通过一个月的记录，小然发现自己的睡眠质量基本可以达到 6 分左右，是自己觉得还可以接受的一个范围，从而意识到每晚做梦对自己生活造成的影响也没有那么严重。

2. 通过认知疗法分析失眠症的意义所在

小然曾经说过自己是不会放松的人，不知道何为放松，那么也就意味着他一直生活在比较紧张的状态里，家人的要求，自己的目标都让他生活的很沉重，伴随着焦虑和抑郁，当担心自己不能实现理想中的程度时候，为了自保会寻找理由，多梦会造成疲惫，会让自己很难精力充沛的去争取、学习、思考，也是让自己可以心安理得的接受现状的一个不错的理由。

3. 让小然认识到对身体健康状况担忧的根源来自死亡恐惧

小然一直很担心长期的多梦、昏昏欲睡会对自己的身体有伤害，担心自己脑子有病或者有生病的可能性，与小然共同探讨深层的恐惧是什么？是对死亡的恐惧，但对死亡的恐惧人人皆有，而且对身体潜在的生病可能性也人人都相同，通过对他家人健康状况的调查可以知道家人的身体都是很棒的，所以健康的几率是比较高的，降低小然对身体健康的过分关注与过度引申。

4. 带着失眠多梦的特质生活

通过了解睡眠和梦的知识，发现人人每晚做梦，区别在于有人能记住有人记不住，发生在自己身上的情况也没有特殊到什么程度；通过一个月的记录，发现原本认为会对自己的生活产生灾难性影响的情况根本没有那么严重，心理的压力会降低，原来失眠多梦对自己的危害没有那么大，而且因为自己的这项特质可以比别人多很多奇妙的体验。天天盯着大问题，转移注意小问题，带着这种可以记得每晚梦境内容的特质生活，体验生活的美丽。

四、知识链接

1. 失眠症

（1）概念

失眠症是一种无明显原因的以失眠为唯一症状，其他症状均继发于失眠，且具有极度关注失眠结果的优势观念的非器质性睡眠障碍，纯粹是一种由心理因素引起的失眠不良。

（2）病因

失眠按病因可划分为原发性和继发性两类。

①原发性失眠

通常缺少明确病因，或在排除可能引起失眠的病因后仍遗留失眠症状，主要包括心理生理性失眠、特发性失眠和主观性失眠3种类型。原发性失眠的诊断缺乏特异性指标，主要是一种排除性诊断。当可能引起失眠的病因被排除或治愈以后，仍遗留失眠症状时即可考虑为原发性失眠。心理生理性失眠在临床上发现其病因都可以溯源为某一个或长期事件对患者大脑边缘系统功能稳定性的影响，边缘系统功能的稳定性失衡最终导致了大脑睡眠功能的紊乱，失眠发生。

②继发性失眠

包括由于躯体疾病、精神障碍、药物滥用等引起的失眠，以及与睡眠呼吸紊乱、睡眠运动障碍等相关的失眠。失眠常与其他疾病同时发生，有时很难确定这些疾病与失眠之间的因果关系，故近年来提出共病性失眠（comorbid insomnia）的概念，用以描述那些同时伴随其他疾病的失眠

（3）临床表现

①睡眠过程的障碍：入睡困难、睡眠质量下降和睡眠时间减少。

②日间认知功能障碍：记忆功能下降、注意功能下降、计划功能下降从而导致白天困倦，工作能力下降，在停止工作时容易出现日间嗜睡现象。

③大脑边缘系统及其周围的植物神经功能紊乱：心血管系统表现为胸闷、心悸、血压不稳定，周围血管收缩扩展障碍；消化系统表现为便秘或腹泻、胃部闷胀；运动系统表现为颈肩部肌肉紧张、头痛和腰痛。情绪控制能力减低，容易生气或者不开心；男性容易出现阳痿，女性常出现性功能减低等表现。

④其他系统症状：容易出现短期内体重减低，免疫功能减低和内分泌功能紊乱。

（4）诊断

《中国成人失眠诊断与治疗指南》制定了中国成年人失眠的诊断标准：①失眠表现：入睡困难，入睡时间超过 30 分钟；②睡眠质量：睡眠质量下降，睡眠维持障碍，整夜觉醒次数≥2 次、早醒、睡眠质量下降；③总睡眠时间：总睡眠时间减少，通常少于 6 小时。

在上述症状基础上同时伴有日间功能障碍。睡眠相关的日间功能损害包括：①疲劳或全身不适；②注意力、注意维持能力或记忆力减退；③学习、工作和（或）社交能力下降；④情绪波动或易激惹；⑤日间思睡；⑥兴趣、精力减退；⑦工作

或驾驶过程中错误倾向增加；⑧紧张、头痛、头晕，或与睡眠缺失有关的其他躯体症状；⑨对睡眠过度关注。

失眠根据病程分为：①急性失眠，病程≥1个月；②亚急性失眠，病程≥1个月，<6个月；③慢性失眠，病程≥6个月。

（5）治疗

①总体目标

尽可能明确病因，达到以下目的：

a. 改善睡眠质量和（或）增加有效睡眠时间；

b. 恢复社会功能，提高患者的生活质量；

c. 减少或消除与失眠相关的躯体疾病或与躯体疾病共病的风险；

d. 避免药物干预带来的负面效应。

②干预方式

失眠的干预措施主要包括药物治疗和非药物治疗。对于急性失眠患者宜早期应用药物治疗。对于亚急性或慢性失眠患者，无论是原发还是继发，在应用药物治疗的同时应当辅助以心理行为治疗，即使是那些已经长期服用镇静催眠药物的失眠患者亦是如此。针对失眠的有效心理行为治疗方法主要是认知行为治疗（CBT-I）。

目前国内能够从事心理行为治疗的专业资源相对匮乏，具有这方面专业资质认证的人员不多，单纯采用CBT-I也会面临依从性问题，所以药物干预仍然占据失眠治疗的主导地位。除心理行为治疗之外的其他非药物治疗，如饮食疗法、芳香疗法、按摩、顺势疗法、光照疗法等，均缺乏令人信服的大样本对照研究。传统中医学治疗失眠的历史悠久，但囿于特殊的个体化医学模式，难以用现代循证医学模式进行评估。应强调睡眠健康教育的重要性，即在建立良好睡眠卫生习惯的基础上，开展心理行为治疗、药物治疗和传统医学治疗。

2. 睡眠障碍

（1）概念

睡眠量不正常以及睡眠中出现异常行为的表现，也是睡眠和觉醒正常节律性交替紊乱的表现。可由多种因素引起，常与躯体疾病有关，包括睡眠失调和异态睡眠。睡眠与人的健康息息相关。调查显示，很多人都患有睡眠方面的障碍或者和睡眠相关的疾病，成年人出现睡眠障碍的比例高达 30%。专家指出睡眠是维持人体生命的极其重要的生理功能，对人体必不可少。

（2）病因

睡眠根据脑电图、眼动图变化分为二个时期，即非快眼动期（HREM）和快眼动期（REM）。非快眼动期时，肌张力降低，无明显的眼球运动，脑电图显示慢而同步，此期被唤醒则感倦睡。快眼动期时肌张力明显降低，出现快速水平眼球运动，脑电图显示与觉醒时类似的状态，此期唤醒，意识清楚，无倦怠感，此期出现丰富多彩的梦。

研究发现脑干尾端与睡眠有非常重要的关系，被认为是睡眠中枢之所在。此部位各种刺激性病变引起过度睡眠，而破坏性病变引起睡眠减少。另外还发现睡眠时有中枢神经介质的参与，刺激 5 - 羟色胺能神经元或注射 5 - 羟色胺酸，可产生非快眼动期睡眠，而给 5 - 羟色胺拮抗药，产生睡眠减少。使用去甲肾上腺素拮抗药，则快眼动期睡眠减少，而给去甲肾上腺素激动药，快眼动期睡眠增多。

（3）临床表现

①睡眠量的不正常

可包括两类：一类是睡眠量过度增多，如因各种脑病、内分泌障碍、代谢异常引起的嗜睡状态或昏睡，以及因脑病变所引起的发作性睡病，这种睡病表现为经常出现短时间（一般不到 15 分钟）不可抗拒性的睡眠发作，往往伴有摔倒、睡眠瘫痪和入睡前幻觉等症状。另一类是睡眠量不足的失眠，整夜睡眠时间少于 5 小时，表现为入睡困难、浅睡、易醒或早醒等。失眠可由外界环境因素（室内光线过强、周围过多噪音、值夜班、坐车船、刚到陌生的地方）、躯体因素（疼痛、瘙痒、剧烈咳嗽、睡前饮浓茶或咖啡、夜尿频繁或腹泻等）或心理因素（焦虑、恐惧、过度思念或兴奋）引起。一些疾病也常伴有失眠，如神经衰弱、焦虑、抑郁症等。

②睡眠中的发作性异常

指在睡眠中出现一些异常行为，如梦游症、梦呓（说梦话）、夜惊（在睡眠中突然骚动、惊叫、心跳加快、呼吸急促、全身出汗、定向错乱或出现幻觉）、梦魇（做噩梦）、磨牙、不自主笑、肌肉或肢体不自主跳动等。这些发作性异常行为不是出现在整夜睡眠中，而多是发生在一定的睡眠时期。例如，梦游和夜惊，多发生在正相睡眠的后期；而梦呓则多见于正相睡眠的中期，甚至是前期；磨牙、不自主笑、肌肉或肢体跳动等多见于正相睡眠的前期；梦魇多在异相睡眠期出现

（4）预防

睡眠障碍，常常由于长期的思想矛盾或精神负担过重、脑力劳动、劳逸结合长期处理不当、病后体弱等原因引起。患此病后首先要解除上述原因，重新调整工作和生活。正确认识本病的本质，起病是慢慢发生的，病程较长，常有反复，但预后是良好的。要解除自己"身患重病"的疑虑，参加适当的体力劳动和体育运动有助于睡眠障碍的恢复。

3. 情绪 ABC 理论

（1）概念

情绪 ABC 理论是由美国心理学家埃利斯创建的。就是认为激发事件 A（activating event 的第一个英文字母）只是引发情绪和行为后果 C（consequence 的第一个英文字母）的间接原因，而引起 C 的直接原因则是个体对激发事件 A 的认知和评价而产生的信念 B（belief 的第一个英文字母），即人的消极情绪和行为障碍结果（C），不是由于某一激发事件（A）直接引发的，而是由于经受这一事件的个体对它不正确的认知和评价所产生的错误信念（B）所直接引起。错误信念也称为非理性信念。

A（antecedent）指事情的前因，C（consequence）指事情的后果，有前因必有后果，但是有同样的前因 A，产生了不一样的后果 C1 和 C2。这是因为从前因到后果之间，一定会透过一座桥梁 B（bridge），这座桥梁就是信念和我们对情境的评价与解释。又因为，同一情境之下（A），不同的人的理念以及评价与解释不同（B1 和 B2），所以会得到不同结果（C1 和 C2）。因此，事情发生的一切根源缘于我们的信念（信念是指人们对事件的想法，解释和评价等）。

情绪 ABC 理论的创始者埃利斯认为：正是由于我们常有的一些不合理的信念才使我们产生情绪困扰。如果这些不合理的信念存在久而久之，还会引起情绪障碍呢。情绪 ABC 理论中：A 表示诱发性事件，B 表示个体针对此诱发性事件产生的一些信念，即对这件事的一些看法、解释，C 表示自己产生的情绪和行为的结果。

（2）阐释

通常人们会认为诱发事件 A 直接导致了人的情绪和行为

结果 C，发生了什么事就引起了什么情绪体验。然而，你有没有发现同样一件事，对不同的人，会引起不同的情绪体验。同样是报考英语六级，结果两个人都没过。一个人无所谓，而另一个人却伤心欲绝。

为什么？就是诱发事件 A 与情绪、行为结果 C 之间还有个对诱发事件 A 的看法、解释的 B 在起作用。一个人可能认为：这次考试只是试一试，考不过也没关系，下次可以再来，也可能觉得这是是背水一战，不能失败。于是不同的 B 带来的 C 大相径庭。

4. 神经衰弱

（1）概念

神经衰弱是一个比较宽泛的称谓，目前已这样称呼它包括一部分抑郁、焦虑障碍、紧张性头痛、失眠、消化不良等。它指由于长期处于紧张和压力下，出现精神易兴奋和脑力易疲乏现象，常伴有情绪烦恼、易激惹、睡眠障碍、肌肉紧张性疼痛等；这些症状不能归于脑、躯体疾病及其他精神疾病。症状时轻时重，波动与心理社会因素有关，病程多迁延。

（2）病因

目前大多数学者认为精神因素是造成神经衰弱的主因。凡是能引起持续的紧张心情和长期的内心矛盾的一些因素，使神经活动过程强烈而持久的处于紧张状态，超过神经系统张力的耐受限度，即可发生神经衰弱。如过度疲劳而又得不到休息是兴奋过程过度紧张；对现在状况不满意则是抑制过程过度紧张；经常改变生活环境而又不适应，中枢神经系统的活动，在机体各项活动中起主导作用。而大脑皮质的神经细胞具有相当高的耐受性，一般情况下并不容易引起神经衰弱或衰竭。在紧张的脑力劳动之后，虽然产生了疲劳，但稍事休憩或睡眠后就可以恢复，但是，强烈紧张状态的神经活动，一旦超越耐受极限，就可能产生神经衰弱。

（3）临床表现

神经衰弱的表现形式有很大的文化差异，其两种主要类型彼此有相当的重叠。一种类型的特点是：主诉用脑后倍感疲倦，常伴有职业成就或应付日常事务效率一定程度的下降。另一类型的特点是：在轻微的体力劳动后即感虚弱和极为疲乏，伴以肌肉疼痛和不能放松。

（4）检查

为了消除这些观念及排除可能的器质性病变，故需作心电图、脑电图、脑电地形图、经颅多普勒、CT头颅扫描等检查。

（5）诊断

由于神经衰弱症状的特异性差，几乎可见于所有的精神与躯体疾病之中。按照等级诊断的原则，只有排除其他精神疾病，方能诊断本症。

确诊神经衰弱需以下各条：

①或为用脑后倍感疲倦的持续而痛苦的主诉；或为轻度用力后身体虚弱与极度疲倦的持续而痛苦的主诉。

②至少存在以下两条：肌肉疼痛感；头昏；紧张性头痛；睡眠紊乱；不能放松；易激惹：消化不良。

③任何并存的自主神经症状或抑郁症状，在严重度和持续时间方面不足以符合本分类系统中其他障碍的标准。

（6）鉴别诊断

在许多国家，神经衰弱一般不用作诊断类别。许多过去诊断为神经衰弱的病例，符合现在抑郁障碍或焦虑障碍的标准。但对有些病例，采用神经衰弱的描述比任何其他的神经症性综合征都更为合适。在采用神经衰弱的诊断类别时，首先应排除抑郁性疾病和焦虑障碍。精神分裂症患者早期可有类似神经衰弱症状，但痛苦感不明显，求治心不强烈。随着病程的发展和精神症状的出现，不难鉴别。

（7）治疗

抗焦虑、抗抑郁药物可改善患者的焦虑和抑郁，也可使肌肉放松，消除一些躯体不适感。其他治疗包括体育锻炼，旅游疗养，调整不合理的学习、工作方式等也不失为一种摆脱烦恼处境、改善紧张状态、缓解精神压力的一些好方法。支持性和解释性的心理治疗可帮助患者认识疾病的性质和消除继发焦虑。

五、心得体会

情绪 ABC 理论的绝好解读，造成困扰的根源绝对不是事情本身，而是对事情的看法，当想法转变，那么问题也不再是问题了，所以向内求索是根本之道。

我对同性感兴趣

一、案例介绍

小郑，大一男生，主诉有一个事情一直困扰自己：自己从高二开始对同性感兴趣，他也希望自己能和大环境保持一致，担心这样下去会受到舆论的谴责，同时对异性也有感觉，但没有同性强烈，关于性取向的问题他认为自己有选择的权力，但还是怕舆论的压力，所以希望能够自己能有所改变，他认为爱与性是可以分开的，对同性和异性均有爱，但只对同性有性需要和性冲动，但是性是要以爱为前提的，不知怎样能够有所改变，希望寻求帮助。

二、案例分析

1. 小郑具有同性恋倾向，实际属于双性恋

小郑很苦恼自己对同性感兴趣的现象，但他不认为同性恋是一种问题，苦恼的根源在于社会压力，对舆论压力很担心害怕，他对异性也会喜欢，并且也不排斥与异性交往，所以实际上他属于双性恋，对同性和异性均会产生爱慕情绪。

2. 虽然同性恋不再属于心理障碍的范畴，但小郑害怕舆论的压力，希望改变

美国精神医学学会于1973年把同性恋从精神疾病诊断标准第三版的修订版（DSM－Ⅲ－R）中去除。1990年5月17日，世界卫生组织在修改后的"国际疾病分类手册（ICD－10）之精神与行为障碍分类"中将同性恋从原有的"成人人格与行为障碍"的名单上删除。中华精神科学会于2001年4月，出版CCMD－3，取消了CCMD－2的"性变态"条目，将同性恋归于新设立的"性心理障碍"条目中的"性指向障碍"的次条目下。虽然同性恋不再属于精神障碍，但小郑害怕舆论压力，希望有所改变，尊重他的选择，对其性指向可以进行一定的调整。

3. 治疗目标在于增强异性恋的强度和内心感受

小郑属于双性恋，所以要降低他的焦虑和压力，可以从强化异性恋入手，增强异性恋的强度和内心感受，用异性恋来淡化同性恋的感受。

三、治疗方法

1. 性取向的知识分享，明确治疗目标

向小郑介绍性取向、双性恋和同性恋的知识，以关切、理解的心情与小郑进行交流，对其产生的焦虑、恐慌和抑郁的情绪要予以关切，对其所涉足的生活并表现出来的行为和由此产生的羞耻感、罪恶感和疏远感要予以理解，以消除他的疑虑，加强他对同性恋的认识，建立治疗意愿，增强治疗信心，共同探讨治疗的目标的为增强异性恋的程度，主动与异性交往，使用0－10的刻度法了解小郑改变的动力是8，改变的愿望是很迫切的，但是担心自己遇到困难会退缩。

2. 将厌恶型刺激与同性刺激对象相结合，降低对同性的性兴趣当看到同性刺激对象引起性兴奋时，立即口含一片事先准备好的黄连使之产生强烈的苦味刺激，从而持续若干次以后，同性刺激对象就会转化成苦味体验的信号刺激，从而形成厌恶性条件反射，以后见到同性刺激对象时就会立即产生苦味的情绪体验而对之失去性兴趣。也可以在看到同性刺激对象引起性兴奋时，立即拉弹预先套在手腕上的橡皮圈，使手腕产生疼痛刺激，以抑制性兴奋，如果弹拉次数在数次治疗中呈下降趋势，则说明有效。

3. 进行异性交往的训练

鼓励和促进小郑自然地去接触异性，督促和帮助他去观察、模仿和学习其他正常通行的礼仪行为，从而以直接的行为方式唤起他对异性的兴趣。

四、知识链接

1. 同性恋

（1）概念

同性恋是一种对同性产生性爱的思想和感情，并以同性为满足性欲的对象的性心理障碍。同性恋从性爱本身来说尽管不一定异常，但性发育和性指向可伴发心理障碍，因而常感到焦虑、抑郁与内心痛苦。同性恋可分为素质性同性恋（真性同性恋）和境遇性同性恋（假性同性恋）。男同性恋中被动型的一方往往是真正的同性恋者，另一方可能是同性恋者，也可能是出于暂时的感情联系或性欲较强的健康人，女性同性恋中主动型的一方往往是真正的同性恋者，另一方可能是同性恋者也可能是正常人，一般来讲，女性同性恋比男性同性恋持续的时间更久，甚至可持续到中年以后。

（2）诊断要点

一是对同性产生性爱的思想和感情，而不管是否发生性行为；二是对异性毫无兴趣甚至厌恶。

（3）产生原因

性取向是一个复杂的问题，各种性取向并无优劣之分。关于性取向的产生有很多种理论，当今大多数科学家同意性取向很可能是环境、认知和生物等多种因素的综合结果。总之，重要的是应当认识到性取向是因人而异的。

①遗传因素

从生物遗传学来说，携带有同性恋基因的个体细胞，在适宜的条件下，易于发展成同性恋细胞。这就说明，同性恋的性取向有 70% 是遗传基因所产生的结果。

但学习理论认为，人类并非生来就有同性恋或异性恋的倾向，而只有产生性反应的能力。在婴儿时期，所有的人都是中性的，由于文化的影响和社会结构的强化作用，使大部分人学会了对异性刺激产生性反应，而具有异性恋的倾向。同性恋的产生从本质上说与异性恋并无不同，也是学习的结果，只是同性恋者的个人经历使他们走向了另一条通向同性恋的学习途径。不过学习论缺乏可靠性的证据，另一理论证明：尽管家庭环境和社会文化都可能影响小孩子的行为，但相比起成人而言，小孩子受社会文化因素的影响始终是较微的。因此学习论被认定为是假说。

②心理因素

有一部分同性恋者是因为后天因素形成的，从心理学角度分析大体上有三大因素：

a. 不幸福的家庭和父或母性格恶劣的家庭

不幸福的家庭或父母关系不和睦家庭的孩子更容易成为同性恋，长大后对婚姻关系失去信任感。父亲的品性恶劣粗暴且大男子主义会增加女儿同性恋的几率，母亲的性格蛮横泼辣且蛮不讲理会增加儿子同性恋的几率。幸福的单亲家庭和幸福的双亲家庭同性恋的比例差不多，父母关系不和睦导致离婚的单亲家庭同性恋的几率较大，父母关系不和睦依旧没有离婚的家庭孩子同性恋的几率最高。

b. 父爱和母爱缺失

如果父母双方工作忙或因为各种原因没有时间陪伴孩子，那么孩子是同性恋的几率也比较大，因为孩子会在同性朋友的陪伴和安慰下成长，更容易培养成孩子对同性的依恋。如果有同性的亲生哥哥或姐姐，那么在父爱和母爱的缺失下，会把一切的亲情依赖全部注入到哥哥或姐姐身上，也容易养成对同性的依恋。

c. 生活在优越富裕的环境

生活在优越环境中的人接受的信息教育也更广泛优良，在接受正确优良教育的同时也不会把同性恋当成心理疾病。从历史上的东西方同性恋文化中就可以得知，东方的同性恋文化在皇室贵族中更加普遍，平民百姓更加注重家族的繁育，而西方的同性恋就仅仅只能由皇室贵族和对社会有价值的人进行，奴隶阶级的人被禁止发生同性恋情，所以自古以来权贵家庭对这方面就更看的开，也更加的普遍。

各种调查数据显示：学历越高的人越支持同性恋和异性恋平等，也越容易成为同性恋。调查显示女同性恋者多为研究生、公务员、高层白领、企业高管，山东大学第二医院心理科统计了女同性恋者的人数和职业，最后发现高学历女性能占女同性恋总人数的三分之二以上。就连金赛的性学报告中也出现了女同性恋的人数比例和学历高低成正比的现象，由人数最低的 10% 的中小文化到最高的 33% 的研究生。墨尔本大学的

Mark Wooden 教授与圣地亚哥州立大学的 Joseph Sabia 教授共同对同性恋的收入问题进行了研究，研究结果表明：女同性恋普遍要比女异性恋的收入高出 33%，每月收入超过 8000 元的女同性恋者人数为女异性恋者的 3 倍；而中国疾病预防控制中心对男同性恋者的学历和工作进行了调查统计，结果有 46% 的男同性恋者有较高的学历和稳定的工作。西蒙斯市场研究局最近的调查数据显示，一名同性恋消费者拥有度假屋的可能性是异性恋者的 2 倍，拥有家庭影院系统的可能性是后者的 5.9 倍，而拥有笔记本电脑的可能性则是后者的 8 倍。所以生活在优越环境的人更有可能是同性恋的根据是有规可循的。

备注：性取向是不会轻易改变的，没有科学研究证明"改变性取向"的治疗是安全或有效的，事实上，对于同性恋者或双性恋者，这些治疗通常会带来负面影响或心理阴影，所以后天形成的同性恋者不代表能够被人为改变性取向。大部分后天同性恋者和先天同性恋者几乎没什么差别，不存在后天同性恋者能够改变性取向的证据。

（4）同性恋的去病理化

①美国精神医学学会

美国精神医学学会于 1973 年把同性恋从精神疾病诊断标准第三版的修订版（DSM－Ⅲ－R）中去除。当时该学会声明："同性恋本身并不意味着判断力、稳定性、可信赖性、或一般社会或职业能力的损害"。但是，修订后的手册依然包括了"自我不和谐的同性恋"这一可以治疗的疾病单位。1987 年，"自我不和谐的同性恋"这一疾病单位又被去除。在美国精神医学学会在 1998 及 2000 年的对性向治疗的公开表态宣言中提到，1973 年精神病学协会审核相关资料后判定，同性恋无法定义为心理疾病，因为根据 DSM－Ⅲ－R，精神疾病的定义是："临床上明确的发生在某个人身上的行为或心理上的综合征或模式，其伴有现时的苦恼（痛苦的症状）或无能（一项或多项重要方面功能的损害）或有着明显的导致死亡、疼痛、伤残或严重失去自由的的巨大危险"。所以，精神疾病的标准既不适用于同性恋，也不适用于自我不和谐的同性恋。而"自我不和谐型同性恋"亦以同样原则，不包含在精神疾病的诊断列表（DSM－III－R）之中。该学会还指出：尚没有足够的科学研究证实改变性倾向的治疗安全或有效。有一些经历过改变性倾向疗法的人表示，试图改变性倾向有潜在性的危害。此后的 DSM－IV 和 DSM－V，在其中也不包括这两个名称。

②美国心理学会

1997 年，美国心理学会表示，人类不能选择作为同性恋或异性恋，而人类的性取向不是能够由意志改变的有意识的选择。协会更进一步表示：事实上，有很多同性恋者生活得很成功很幸福，但是一些同性恋者或双性恋者可能会试图通过疗法改变自己的性取向，有时这是受到家庭成员或宗教团体施加的压力所致。但事实是，同性恋不是一种疾病，因此也没有必要进行治疗。美国心理学会亦表示：临床经验表明，那些试图寻找转变疗法的人通常是因为社会的偏见所造成的内在同性恋恐惧症所致。而那些能够正面接受自己性倾向的男女同性恋者能比那些不能接受自己性倾向的人获得更好的自我适应能力。

2009 年 8 月，关于性倾向治疗参与者的研究，并未把"性倾向"和"性倾向身份认同"这两个概念进行足够的的区分。我们的结论是，这些区分的不足导致这些研究掩盖了一个事实，即治疗改变的是当事人的性倾向还是性倾向身份认同？而从研究得出的证据表明，性倾向是不可能改变的，但有些人改变了自己的性倾向身份认同（即个人或组成员身份和隶属关系，自我标签）和其他性特征的方面（例如价值观和行为）。

美国心理学会于 2012 年发表的一份立场文件中声明："在基于性倾向和性倾向身份认同的研究中，在一些个体的人生中转变的是他/她的性倾向身份认同，而非性倾向。"

③世界卫生组织

1990 年 5 月 17 日，世界卫生组织在修改后的"国际疾病分类手册（ICD－10）之精神与行为障碍分类"中将同性恋从原有的"成人人格与行为障碍"的名单上删除。这一分类方案的前言中指出：一种分类也是一个时代看待世界的方式。无疑，科学的进步和运用这些指导手册的经验，最终将会要求修改这些指导手册，跟上时代。这一方案列入的性心理障碍，都特别排除了"与性倾向有关的问题"。在新设立的"与性的发展和性倾向有关的心理与行为障碍"条目下，还特别注释道："性倾向本身并不能被认为是障碍"。这些障碍包括性成熟障碍，自我不和谐的性倾向，以及性关系障碍；每一分类还可以根据问题是异性恋，同性恋或双性恋而做进一步分类。

2012 年 5 月 17 日，世界卫生组织驻美洲的办事处泛美卫生组织，就性向治疗和尝试改变个人性倾向的方法，发表一份用词强烈的英文声明《"Cures" for an Illness that Does Not Exist（为一种不存在的疾病"治疗"）》。声明强调，同性恋性倾向仍人类性向的其中一种正常类别，而且对当时人和其亲近的人士都不会构成健康上的伤害，所以同性恋本身并不是一种疾病或不正常，并且无需要接受治疗。世卫在声明中再三指出，改变个人性倾向的方法，不单没有科学证据支持其效果，而且没有医学意义之余，并会对身体及精神健康甚至生命造成严重的威胁，同时亦是对受影响人士的个人尊严和基本人权的一种侵犯。世卫亦借发表该声明提醒公众，虽然有少数人士可以能够在表面行为上限制表现出自身的性倾向，但个人性倾向本身一般都被视为个人整体特征的一部分和不能改变。

④中华精神科学会

1996 年 9 月，中华精神科学会设立 CCMD－3 工作组，重新制定中国精神疾病分类与诊断标准，计划在随后的几年中，制定出"符合中国国情并尽可能与国际标准接轨的"中国标准。2001 年 4 月，CCMD－3 出版，取消了 CCMD－2 的"性变态"条目，将同性恋归于新设立的"性心理障碍"条目中的"性指向障碍"的次条目下。

对此，时任中华精神科学会《中国精神疾病分类与诊断标准》（CCMD－3）工作组组长陈彦方教授解释："我们认为同性恋性行为是正常的。但是考虑到一些个体在成长过程中出现的焦虑和苦恼，保留'自我不和谐的同性恋'，从而和世界卫生组织第十版国际疾病分类（ICD－10）保持一致。"他还指出，CCMD－3 里的"同性恋"和社会上普遍指的同性恋有些不同，因为 CCMD－3 的诊断对象只包括那些自我感觉不好并希望寻求治疗的同性恋者。"在新的标准中，只有那些为自己的性倾向感到不安并要求改变的人才被列入诊断。"

中华精神科学会在 2001 年对 CCMD 的修订，被认为是中国同性恋非病理化的重要标志。

2. 双性恋

双性恋，亦称为双性向，它是一种性倾向或行为，不只对单一性别（包括对雄性与雌性）皆会产生爱慕情绪，并容易被他们的身体吸引的倾向。它是性倾向分类之一，与单性恋（异性恋、同性恋）倾向齐列，类似者泛性恋。对雄、雌性皆不产生性吸引的个体则为无性向。根据美国全国性健康和行为研究，女性有双性倾向者高于男性。

性取向是由心理到生理所产生的爱恋感觉并兼具性幻想（是由心理出发，身心合一的），双性恋是对两性皆有感觉。

双性恋可见于各种人类社会的历史记载，同时也存在于其他动物当中。而"双性恋"一词则产生于 19 世纪。

"双性"（bisexual）这个词最早出现在植物学。植物学家用这个词描述那些同时具有雄性与雌性生殖器官的植物。可是还未清楚人们什么时候把"双性"这个词运用到人类的性倾向。一些双性恋者和性研究专家并不喜欢这个词的用法，故他们又发展了一些其它词汇来描述，于是就发展了"双性恋"一词。

双性恋分为双异性恋和双同性恋，双异性恋可以对同性产生爱情，但更多时候比较偏向异性；双同性恋可以对异性产生爱情，但更多时候偏向同性。

双性恋被认为是同性恋和异性恋的结合。在阿尔弗烈德·查尔斯·金赛的男性性行为和女性性行为中，一项试验要求受访者从一个由同性恋到异性恋连续变化的性取向谱中对自己进行评估，然后对评估结果进行综合分析研究后，金赛认为大部分人群显示出至少在某种程度上是双性恋者，很多人都会被双性所吸引，虽然通常其只偏向于某一种性别，但是切记不同感情是不同的。

双性恋的类型的人中的男人和女人的行为也有性别差异。其中男人更偏向与素不相识的男人发生同性恋行为，完事之后即各奔东西。而且在同性恋的同时还有异性恋行为。双性恋的女人偏向于与亲密的女友发生性活动，她们感情笃厚而持久。她们在某一时段只与同性或只与异性发生性关系，而不是同时与两种不同性别的伴侣往来。双性恋的男人往往由于找不到合适的女人而顺便找个男人发泄一下。双性恋的女人则不然，她们要先与性伙伴建立感情，然后才会萌发性活动。

这种现象的确存在，可原因应归为个人选择，由两性爱情观，社会价值观，个人性格等多种因素造成，性取向并非是简单地决定的，一定要正确判断。

3. 性取向

性取向（英文：Sexual Orientation）简称性向，亦称性倾向、性指向、性位向、性定向等，它是指一个人在情感、浪漫、与性上对男性及女性有何种型态的耐久吸引。性取向决定着性吸引的对象，随着性成熟逐渐显现，它是多种因素作用结果，由于人繁育后代的本能，异性性取向占绝对优势，反之物种将会灭绝。几十年研究表明，性倾向是个程度渐进的连续概念，好比肤色，每个人的性倾向位于从"只对异性感兴趣"到"只对同性感兴趣"之间的某个位置。

通常，性倾向有两种归类方法：第一种：异性恋（对异性产生浪漫情感与性的吸引）、同性恋（对同性产生浪漫情感与性的吸引）、双性恋（对两性均能产生浪漫情感与性的吸引）、无性恋（对两性均无性的吸引，但可能存在浪漫情感）。第二种：男性向（只对男性产生浪漫情感与性的吸引）、女性向（只对女性产生浪漫情感与性吸引）、双性向（对两性均能产生浪漫情感与性吸引）、无性向（对两性均无性吸引，但可能存在浪漫情感）。

性倾向的定义并不单单含有或依赖于性行为，而是依赖并表现于一个人在性和浪漫情感上的耐久吸引，这包括一个人在爱、依附感、亲密行为等非性方面的内在深刻需求，具体表现如：非性爱慕、共同目标与价值观、相互支持爱护、长久承诺等。

五、心得体会

　　同性恋不再是问题，但来自社会的舆论压力依然是问题，如何应对？能否应对？这是需要思考的问题。

不优秀毋宁死

一、案例介绍

小静，女生，大一第二学期快结束时在辅导员老师的建议下来到心理咨询室，老师认为她自期中考试后状态一直不对，对什么也不感兴趣，什么也不做，不学习也不复习，与之前努力的学生判若两人。

我要重新过大一

小静说现在是她状态最差的时候，知识掌握的不够，但是期末考试已经要来了，这太可怕了！其实从期中考试之后，就知道自己学的不好，也很着急，但是学习没有动力，什么也不想做，对自己的大学生活不满意，对自己的能力也不满意，觉得自己只具有应试能力，是典型的高分低能，其他什么也不会，希望可以有机会重新过一起大一，对自己的缺憾进行弥补。但重新过大一也是不容易的事情。后来，妈妈来到学校，与小静进行了深刻的交流，在妈妈的陪伴下，小静进入上海市精神卫生中心进行治疗，结果被诊断为抑郁症，需要住院治疗，在医院坚持了两个星期后，因实在难以与其他精神疾病患者共处，而且也对那样的环境非常害怕，申请出院回家修养，没有参加期末考斯，直接休息了一个暑假。在开学初要进行所有课程的缓考，但只参加了英语的考试，其他科目考试均不肯参加，认为自己准备不够充分，考试也拿不到高分，不能接受别人比自己分数高，但即使自己分数高也认为是高分低能，不能接受自己能力不好，同学都太能学习了，给自己带来了太大的压力，所以申请休学，回家修养，在没有压力，平静的环境里可以安心的学习，在她的坚持下办理了休学手续，通过多花一年的时间换得了心愿达成。

我觉得什么都没有意义

复学后，小静在新的班级适应的还不错，与同学关系尚可，在大三第一学期，辅导员联系我说小静不肯上课、不去吃饭，不去上自习，每天只待在宿舍里，约我共同去宿舍看他，走进她的宿舍，小静正躺在床上睡觉，窗帘紧闭，见我们去了也没有太多的反映，就一直坐在椅子上流泪，问她因何而哭，她说就是觉得没有意思，两年来没有什么开心的事，父母不理解自己，只关心成绩，想到就觉得烦，但想到他们年纪也大了，又感觉很有压力，爸爸患尿毒症，一直在治疗，作为独生子女的自己感觉压力很大。自己也知道状态不对，害怕又回到两年前的状态，但也没有更好的办法可以规避，觉得太难受了。

我是父母教育失败的产物

记忆中，爸爸妈妈对自己很多的批评。小学时，都是爸爸辅导功课，在三年级之前，爸爸总是打骂自己，说自己笨，从四年级开始学习成绩变好了，参加奥数比赛还得了二等奖，上了初中之后开始玩，到了初二下学期开始努力学习，在之前爸爸妈妈和老师都批评自己，对自己冷眼相待，觉得只有学习好了才可能被喜欢，初中过得挺开心，但高中一点也不好，压力很大，语文老师总是批评自己，班主任把自己当作不聪明但肯努力的代表，心中很不服气，高三第二学期就在家里复习了，高考考了633分，爸爸让自己查分数，不愿意，觉得他们交给自己的任务已经完成了，学习就是为了父母，现在已经完成任务，不想再被父母折磨，只告诉了爸爸结果但拒绝现场证明，爸爸很生气，认为是自己在撒谎，还打了自己，非常生气，真的很想离家出走，觉得父母只关心分数，根本不关心自己的健康。现在对父母的愤怒更强烈了，这几天越想越生气，会给父母打电话讨伐他们，指责他们没有教育好自己，自己就是他们教育失败的产物。

我是这个房间的主人

小静的妈妈及时赶到学校，经与小静协商，同意再去精神卫生中心进行治疗，经过几次尝试，选定了一种副作用较小的药，见效比较明显，学习动力和生活动力有所增强，因妈妈陪读，搬出了原来的宿舍与妈妈同住，后来实在难以忍受妈妈的陪读，在病情比较稳定的情况下，申请妈妈返家，找了一个关系比较好的同学同住，后来又有一位同学住了进来，宿舍人相处愉快。经过一段时间的咨询，对学业的要求降低了，努力寻求自己的兴趣点，做自己喜欢的事情。在大半年之后，与宿舍同学关系越来越难以处理，觉得自己是这个房间的主人，是自己允许了舍友才能住进来，所以自己的要求也是合理的，舍友做不到就应该被批评，现在的自己变得和原来不同，不能接受别人挑战自己，觉得别人的挑战都是挑衅，一定会反抗，再也不让自己吃亏了。自己也知道人际交往存在问题，太自我了，但暂时不想改变。

我要做个动物饲养员

经过认真的思考，觉得自己比较喜欢小动物，那么想要做个动物饲养员，也把这个观点和父母沟通了，很意外的是，父母都没有反对意见，她原本以为父母一定是极力要求她一定要考过公务员进海关的，这样自己的压力就更小了，无论是针对公务员考试和择业，都是一个比较轻松的心态。后来，小静发挥稳定，通过了公务员考试，目前生活、工作状态稳定。

二、案例分析

1. 小静患有抑郁症

小静的症状表现是无动力、无兴趣、无意义，存在显著而持久的情绪低落现象，经常哭泣，社会功能受损，不能继续读书或者考试，自我评价很低，觉得自己一无是处，思维迟缓，意志能力减退，认知功能损害，睡眠增加，食欲减退，持续时间超过两周，无论是第一次发病还是第二次发病，都是比较典型的抑郁症发作期。

2. 父母的高期待导致小静的高压力，最后难以承受

小静的压力根源在于父母对自己的高期待，在童年的记忆中，小静形成了不优秀就不可爱的链接，为了博得父母的欢心，很努力的学习，但始终认为学习是父母的事情，是为了父母的虚荣心才学习的，进入大学后，落差太大，同学们都很拼，这样的环境给自己带来莫大的压力，但不知如何排解，最终演变成了抑郁症。

3. 抑郁症是小静的自我防御机制

不优秀毋宁死，但是在新的环境里真的有太多聪明人和优秀的人，更令人难以接受的是他们竟然还很努力，小静面对这

样的人群，心中的恐惧瞬间被点燃，但无所排解，通过生病，生抑郁症可以帮助自己暂时逃离这个可怕的地方，是为了保全自己的生命的无意识的选择。

4. 从完全听从他人安排到自我中心是矫枉过正的

在大三之前，小静的人生都是比较单纯的，听父母的话，听老师的话，但是这样的安排让她非常愤怒，所以在生了抑郁症之后，小静变得非常具有力量，她不肯再受委屈，但也走到了另一个极端，有些草木皆兵，并且将任何的不同的声音都定位成是对自己的攻击，所以引发了宿舍内部的激烈冲突和矛盾。

三、治疗方法

1. 心理咨询为主，药物治疗为辅治疗抑郁症

抑郁症的治疗要以心理咨询为主，药物治疗为辅，通过药物作用提升大脑兴奋性，增强生命活力，从而可以去做该做与想做的事，通过动起来进一步调动活力，使生活等各个方面趋于正常，抑郁症的发病核心原因在心理因素，所以在生命活力有所提升的基础上，心理咨询寻找症结并对其进行处理才是根本解决之道。

2. 肯定抑郁症的自我防御意义

与小静共同分析患抑郁症的原因，充分肯定生命的智慧，这种自我防御机制可以帮助自己暂时逃离压力，但是是否是对自己最好的选择？还没有其他的方法可供选择？小静是有力量做这样的选择的。

3. 认知疗法进行不合理认知的调整

针对小静存在的不合理认知比如不优秀毋宁死，我是宿舍的主人等运用认知疗法分别进行对质，帮助小静觉察并有所调

整，最终建立合理的认知行为模式。

四、知识链接

1. 抑郁症

（1）概念

抑郁症又称抑郁障碍，以显著而持久的心境低落为主要临床特征，是心境障碍的主要类型。临床可见心境低落与其处境不相称，情绪的消沉可以从闷闷不乐到悲痛欲绝，自卑抑郁，甚至悲观厌世，可有自杀企图或行为；甚至发生木僵；部分病例有明显的焦虑和运动性激越；严重者可出现幻觉、妄想等精神病性症状。每次发作持续至少2周以上、长者甚或数年，多数病例有反复发作的倾向，每次发作大多数可以缓解，部分可有残留症状或转为慢性。

（2）病因

迄今，抑郁症的病因并不清楚，但可以肯定的是，生物、心理与社会环境诸多方面因素参与了抑郁症的发病过程。生物学因素主要涉及遗传、神经生化、神经内分泌、神经再生等方面；与抑郁症关系密切的心理学易患素质是病前性格特征，如抑郁气质。成年期遭遇应激性的生活事件，是导致出现具有临床意义的抑郁发作的重要触发条件。然而，以上这些因素并不是单独起作用的，目前强调遗传与环境或应激因素之间的交互作用、以及这种交互作用的出现时点在抑郁症发生过程中具有重要的影响。

（3）临床表现

抑郁症可以表现为单次或反复多次的抑郁发作，以下是抑郁发作的主要表现。

①心境低落

主要表现为显著而持久的情感低落，抑郁悲观。轻者闷闷不乐、无愉快感、兴趣减退，重者痛不欲生、悲观绝望、度日如年、生不如死。典型患者的抑郁心境有晨重夜轻的节律变化。在心境低落的基础上，患者会出现自我评价降低，产生无用感、无望感、无助感和无价值感，常伴有自责自罪，严重者出现罪恶妄想和疑病妄想，部分患者可出现幻觉。

②思维迟缓

患者思维联想速度缓慢，反应迟钝，思路闭塞，自觉"脑子好像是生了锈的机器"，"脑子像涂了一层糨糊一样"。临床上可见主动言语减少，语速明显减慢，声音低沉，对答困难，严重者交流无法顺利进行。

③意志活动减退

患者意志活动呈显著持久的抑制。临床表现行为缓慢，生活被动、疏懒，不想做事，不愿和周围人接触交往，常独坐一旁，或整日卧床，闭门独居、疏远亲友、回避社交。严重时连吃、喝等生理需要和个人卫生都不顾，蓬头垢面、不修边幅，甚至发展为不语、不动、不食，称为"抑郁性木僵"，但仔细精神检查，患者仍流露痛苦抑郁情绪。伴有焦虑的患者，可有坐立不安、手指抓握、搓手顿足或踱来踱去等症状。严重的患者常伴有消极自杀的观念或行为。消极悲观的思想及自责自罪、缺乏自信心可萌发绝望的念头，认为"结束自己的生命是一种解脱"，"自己活在世上是多余的人"，并会使自杀企图发展成自杀行为。这是抑郁症最危险的症状，应提高警惕。

④认知功能损害

研究认为抑郁症患者存在认知功能损害。主要表现为近事记忆力下降、注意力障碍、反应时间延长、警觉性增高、抽象思维能力差、学习困难、语言流畅性差、空间知觉、眼手协调及思维灵活性等能力减退。认知功能损害导致患者社会功能障碍，而且影响患者远期预后。

⑤躯体症状

主要有睡眠障碍、乏力、食欲减退、体重下降、便秘、身体任何部位的疼痛、性欲减退、阳痿、闭经等。躯体不适的体诉可涉及各脏器，如恶心、呕吐、心慌、胸闷、出汗等。自主神经功能失调的症状也较常见。病前躯体疾病的主诉通常加重。睡眠障碍主要表现为早醒，一般比平时早醒 2～3 小时，醒后不能再入睡，这对抑郁发作具有特征性意义。有的表现为入睡困难，睡眠不深；少数患者表现为睡眠过多。体重减轻与食欲减退不一定成比例，少数患者可出现食欲增强、体重增加。

（4）检查

对疑为抑郁症的患者，除进行全面的躯体检查及神经系统检查外，还要注意辅助检查及实验室检查。迄今为止，尚无针对抑郁障碍的特异性检查项目。因此，目前的实验室检查主要是为了排除物质及躯体疾病所致的抑郁症。有 2 种实验室检查具有一定的意义，包括地塞米松抑制试验（DST）和促甲状腺素释放激素抑制试验（TRHST）。

（5）诊断

抑郁症的诊断主要应根据病史、临床症状、病程及体格检查和实验室检查，典型病例诊断一般不困难。目前国际上通用的诊断标准有 ICD－10 和 DSM－IV。国内主要采用 ICD－10，是指首次发作的抑郁症和复发的抑郁症，不包括双相抑郁。患者通常具有心境低落、兴趣和愉快感丧失、精力不济或疲劳感等典型症状。其他常见的症状是①集中注意和注意的能力降低；②自我评价降低；③自罪观念和无价值感（即使在轻度发作中也有）；④认为前途暗淡悲观；⑤自伤或自杀的观念或行为；⑥睡眠障碍；⑦食欲下降。病程持续至少2周。

（6）治疗

①治疗目标

抑郁发作的治疗要达到三个目标：提高临床治愈率，最大限度减少病残率和自杀率，关键在于彻底消除临床症状；提高生存质量，恢复社会功能；预防复发。

②治疗原则

个体化治疗；剂量逐步递增，尽可能采用最小有效量，使不良反应减至最少，以提高服药依从性；足量足疗程治疗；尽可能单一用药，如疗效不佳可考虑转换治疗、增效治疗或联合治疗，但需要注意药物相互作用；治疗前知情告知；治疗期间密切观察病情变化和不良反应并及时处理；可联合心理治疗增加疗效；积极治疗与抑郁共病的其他躯体疾病、物质依赖、焦虑障碍等。

③药物治疗

药物治疗是中度以上抑郁发作的主要治疗措施。目前临床上一线的抗抑郁药主要包括选择性5-羟色胺再摄取抑制剂（SSRI，代表药物氟西汀、帕罗西汀、舍曲林、氟伏沙明、西酞普兰和艾司西酞普兰）、5-羟色胺和去甲肾上腺素再摄取抑制剂（SNRI，代表药物文拉法辛和度洛西汀）、去甲肾上腺素和特异性5-羟色胺能抗抑郁药（NaSSA，代表药物米氮平）等。传统的三环类、四环类抗抑郁药和单胺氧化酶抑制剂由于不良反应较大，应用明显减少。

④心理治疗

对有明显心理社会因素作用的抑郁发作患者，在药物治疗的同时常需合并心理治疗。常用的心理治疗方法包括支持性心理治疗、认知行为治疗、人际治疗、婚姻和家庭治疗、精神动力学治疗等，其中认知行为治疗对抑郁发作的疗效已经得到公认。

⑤物理治疗

有严重消极自杀企图的患者及使用抗抑郁药治疗无效的患者可采用改良电抽搐（MECT）治疗。电抽搐治疗后仍需用药物维持治疗。近年来又出现了一种新的物理治疗手段——重复经颅磁刺激（rTMS）治疗，主要适用于轻中度的抑郁发作。

（7）预防

有人对抑郁症患者追踪10年的研究发现，有75%～80%的患者多次复发，故抑郁症患者需要进行预防性治疗。发作3次以上应长期治疗，甚至终身服药。维持治疗药物的剂量多数学者认为应与治疗剂量相同，还应定期门诊随访观察。心理治疗和社会支持系统对预防本病复发也有非常重要的作用，应尽可能解除或减轻患者过重的心理负担和压力，帮助患者解决生活和工作中的实际困难及问题，提高患者应对能力，并积极为其创造良好的环境，以防复发。

2. 自我防御机制

自我防御机制这一概念由精神分析心理学家弗洛伊德提出，指人们在面对挫折和焦虑时启动的自我保护机制，它主要通过对现实的歪曲来维持心理平衡。

（1）概念

自我防御机制，首先由西格蒙德·弗洛伊德提出，后由他的女儿安娜·弗洛伊德对之进行了系统的研究。弗洛伊德认为当自我以理性的方式消除焦虑而未能奏效时，就必须改换为非理性的方法来缓解焦虑，从而达到自我保护免于发生身心疾病的目的。

自我防御机制主要有两个特点：一是在无意识水平进行的，因为具有自欺性质，是一种潜意识层的自卫；二是自我防御机制往往具有伪装或者歪曲事实的特点，其作用在于保护自我，不至于由焦虑而导致疾病的产生，在防治心理疾病中有积极的作用，但没有道德上的欺骗含义。

（2）类型

①自恋心理防御机制（一级防御机制）：包括否定、歪曲、外射，它是一个人在婴儿早期常常使用的心理机制。早期婴儿的心理状态，属于自恋的，即只照顾自己，只爱恋自己，不会关心他人，加之婴儿的"自我界限"尚未形成，常轻易地否定、抹杀或歪曲事实，所以这些心理机制即为自恋心理机制。一名成年人还运用"自恋机制"来进行自我心理防御，是很危险的。

②不成熟心理防御机制（二级防御机制）：此类机制出现于青春期，成年人中出现也是属于正常的。包括内向投射、退化、幻想等。

③神经性心理防御机制（三级防御机制）：这是儿童的"自我"机制进一步成熟，在儿童能逐渐分辨什么是自己的冲动、欲望，什么是实现的要求与规范之后，在处理内心挣扎时所表现出来的心理机制。

④成熟心理防御机制（四级防御机制）：是指"自我"发展成熟之后才能表现的防御机制。其防御的方法不但比较有效，而且可以解除或处理现实的困难、满足自我的欲望与本能，也能为一般社会文化所接受。这种成熟的防御机制包括压抑、升华、补偿、幽默等.

（3）方法

心理防御机制在弗洛伊德最初提出时，专指癔病中病态的特殊防御机制，以后又发展了新的防御机制，但它仍然是一种对付因挫折而引起的紧张和焦虑的心理调整方法。常见的心理防御机制有以下几种：

①否认，是指对某种痛苦的现实有意识或者是无意识地加以否定，来缓解自己的焦虑和痛苦。由于不承认似乎就不会痛苦（如拒绝亲人的亡故，仍坚持所其未死）。这的确是一种保护性质的、正常的防御。只有在干扰了正常行为时才能算是病态的。

②压抑，是指把意识所不能接受的观念、情感或冲动压抑到无意识中去，使人不能意识到存在。这种被压抑的冲动和欲望并没有消失，一直在无意识中积极活跃，并通过其他心理机制的作用以伪装的形式出现。如对痛苦体验或创伤性事件的选择性遗忘就是压抑的表现。

③合理化，又称文饰作用，指无意识地用一种通过似乎有理的解释或实际上站不住脚的理由来为其难以接受的情感、行为或动机辩护以使其可以接受。如对儿童的躯体虐待可说成是"玉不琢不成器，树不伐不成材"、"打是疼骂是爱"。合理化有两种表现：一是酸葡萄心理，即把得不到的东西说成是不好的；二是甜柠檬心理，即当得不到葡萄而只有柠檬时，就说柠檬是甜的。两者均是掩盖其错误或失败，以保持内心的安宁。

④置换，是无意识地将指向某一对象的情绪、意图或幻想转移到另一个对象或替代的象征物上，以减轻精神负担取得心理安宁。如一个孩子被妈妈打后，满腔愤怒，难以回敬，转而踢倒身边板凳，把对妈妈的怒气转移到身边的物体上（如"替罪羊"）。这时虽然客体变了，但其冲动的性质及其目的仍然未改变。在心理治疗中，情感的无意识置换既是移情的基础，也是反移情的基础。

⑤投射，是指自我将不能接受的冲动、欲望或观念归因（投射）于客观或别人。例如："仁者见仁，智者见智"、"以小人之心度君子之腹"都是一种心理投射。

⑥反向形成，是指对内心的一种难以接受的观念或情感以相反的态度与行为表现出来。如一个有强烈的性冲动压抑的人可积极参与检查淫秽读物或影片的活动。

⑦过度代偿，又称过度补偿，是指一个因有生理或者心理上的缺陷或者不足时，而设法发展另一个方面的长处，从而证明自己的能力和存在价值，这是一个意识的或无意识的过程。如有些残废人可导致惊人的努力而变成世界著名的运动员。有些口吃者可成功地变成一位说话流利的演说家。

⑧抵消，是指一个不能接受的行为象征性地而且反复地用相反的行为加以显示，以图解除焦虑。如说了不吉利的话就吐口水或用说句吉利话来抵消晦气或不吉祥的感觉。除夕打碎了碗，习俗上说句"岁岁平安！"。

⑨幽默，是指一个人受到挫折或者身处逆境时，用幽默来缓解紧张气氛，放松情绪以维持心理平衡。它没有个人的不适及没有不快地影响别人情感的公开显露，是一种积极的防御机制。

⑩认同，是指无意识中取他人（一般是自己敬爱和尊崇的人）之长归为己有，作为自己行为的一部分去表达，借以排解焦虑与适应的一种防御手段。如高官显贵的子女常以父辈之尊为己尊，遇到挫折则自抬身价，作出坦然自若的神态，以免除在人们面前的尴尬局面。儿童在作业时遇到困难时，常说："我要学习解放军叔叔"，从而有力量和信心把作业坚持下去，直到成功。

此外，还包括退行和升华等。退行是指当个体遇到挫折与应激时，心理活动退回到较早年龄阶段的水平，以原始、幼稚的方法应付当前的情景。如暴露狂就可以用这个作用来解释。升华，是指一种最积极的富有建设性的防御机制。因为它可以把社会所不能接受的性欲或攻击性冲动所伴有的力比多能量转向更高级的、社会所能接受的目标或渠道，进行各种创造性的活动。从文艺家的一些著名创作如歌德的《少年维特之烦恼》等，均可见到升华机制的作用。这是把本能主要是性能量转移到一个有社会价值的对象或目标上去。

五、心得体会

父母出于爱而关心孩子的成长，但是忙碌在路上的父母，往往忘记了初衷，而只盯着具有象征意义的学习成绩，结果是输了关系又输了孩子的健康成长。

爱她 or 害她

一、案例介绍

奇怪的女孩

2006 年的春天仿佛来得特别早，阳春三月却早已经是绿色满园、鲜花盛开了，朝气蓬勃的大学生们走在校园里一派生机盎然的景象，一切都是那么美好！突然电话铃声打断了我的思路，是管理系辅导员张老师，她电话里焦急的问道："任老师，你能和我班小白聊聊吗？她现在越来越奇怪了，同学都已经不能忍受了"，小白？不就是那个大大眼睛的湖南女孩子，2005 年的 12 月也是在张老师的要求下，这个女孩走进了心理咨询室，开学初班级竞选班干和学校舞蹈队招新，经过舞蹈训练的小白信心十足却两次均落榜了，但是同宿舍的另一个小女孩却选上了，这件事情对小白打击很大，经了解小白的父母对她期望很高，但是高考没有考好，父亲使用自己的关系将小白转到了我校，因为这个专业可以让她有机会成为一名国家公务员，虽然不喜欢这个专业但是考虑到就业，她也勉强接受了，原本想在新学校大展身手，却受到了连翻的打击，小白难以接受，尤其对同宿舍的女孩有了很深的仇视心理，经常会攻击该女生，对学校再次失去了兴趣，经过咨询小白表示愿意通过学习充实自己来过好大学生活，同时也自愿加入了学校的心理协会，来学习心理学的知识，在放假之前一切都还不错，这次又发生了什么事情呢？

张老师介绍说小白的生活自理能力很弱，收拾东西总是最慢的，吃饭也非常慢，每次吃饭至少需要四十分钟，为了不让她感觉到孤单，尽量要求同宿舍同学一起陪着她，但是她脾气越来越不好，对同学也很不客气，颐指气使的口吻让同学很不舒服，开学后发现小白有些奇怪，与同宿舍人的交流很少，口气更加强硬，甚至出现了暴力语言，同学听到她一个人坐在那里，突然说"我杀了你"，并且会经常自然自语，晚上关了灯照镜子可以照一个小时，有时候还会发笑，同宿舍的女孩很害怕已经不敢和她一起住了。听到这个情况一个想法迅速涌到了我的脑海里，但首先要请小白到心理咨询室进行进一步的交流，以确定问题的性质与严重程度。

小白如约来到心理咨询室，很防备的样子，当我问及她最近的情况时，她最多的回答是"挺好的"、"还行"、"没什么"，基本的意思是自己很好，不需要心理老师过多关心，不过她强调说自己希望能够回家复读，非常不喜欢学校的管理和专业，但是父母一直不同意，为此寒假期间与父母发生了很激烈的冲突，父母依然是一贯的强硬做法，比原来好的地方是不再打自己了，当问及她对复读的打算的时候，她又没有什么具体的计划了，而且好象经常会走神，会忘记我的问话，或者忘记刚才已经说过的话。当问及同学们反映的暴力语言的时候，她回答说说我要杀了你是因为在玩游戏，平时不会自然自语，晚上关灯照镜子是因为那样的光线下自己看起来非常漂亮，据了解小白的电脑还在家中，没有游戏机之类的东西。

我的女儿没有病

　　根据班级辅导员介绍的情况以及与小白的面谈，我基本认定小白患有精神类疾病，而且已经出现了幻觉，所以请家长到校带小白到专门医院进行检查，在接到通知后，小白的妈妈来到了学校，她是一名舞蹈演员，对小白的教育非常严厉，总觉得小白不够漂亮，不够聪明，在小白小的时候经常打她，而且爸爸和妈妈是完全的统一战线，基本情况是爸爸拉窗帘，妈妈打小白，在17岁的时候小白甚至不堪父母的教育方式，离家出走了一个星期，自此以后妈妈没有再打过小白，小白对妈妈也从畏惧转变成了直接的攻击，母女关系很糟糕，基本上没有办法进行交流，对于小白提出的复读的想法父母的态度一致，坚决反对压根不要想。

　　在妈妈听到了学校的介绍和要求之后，反应很激烈，认为女儿不可能患有精神疾病，而且也完全没有必要去做这样的检查，如果要去检查也一定要女儿同意才可以，并且要在爸爸到场的情况下，在这之前她会一直在学校监护女儿的安全，小白爸爸会在一个星期之后到达，学校同意了她的要求，班级辅导员经常与小白联系了解她的思想动态，小白妈妈与小白一起住在学校的招待所，这期间，我有一次心理讲座，我专门发消息请小白来听，在讲座进行了半个小时之后，她进来了，没有什么表情，但是在听讲座的过程中，有多次笑得非常厉害，而且与讲座内容无关，问她的时候她的回答没什么，同学反映说在班级上课的过程中经常会出现这样的情况，甚至会不顾老师突然大声说话。

　　小白爸爸到校之后，他的态度与妈妈一致，不相信自己的女儿会生病，而且也不希望这个消息传回家中，因为这会使女儿基本不能成为公务员，虽然学校承诺可以为小白保密，但是父母仍咬定只有女儿愿意才能带她去医院，这个时候发生的一件事情改变了父母的看法：在辅导员给小白做工作的同时，系里的老师也会有意的增强与她的交流，比如了解她要复读的想法等，在交流中小白对一位年轻的男教师朱老师很有好感，最后要求只与朱老师交流，而且短消息也越来越多，消息的内容也更加私密，朱老师发现情况不妙，拒绝再和她进行短信交流，她疯狂的给朱老师发消息，表达自己的爱慕之情，同时也对朱老师深爱自己却不能表白表示理解，在得不到朱老师明确回复之后，她冲到了朱老师办公室，大声的表白，表情歇斯底里，这是她认为喜欢自己的第二个老师，还有一个是计算机老师，并坚信那个老师对自己心怀不轨，频频利用上课机会向自己表白等，据查均无此事。小白的父母无奈同意学校的意见带她到专业医院检查，专家诊断为精神分裂症中期，休学一年。

学校耽误了我女儿一年

2007 年 5 月小白在父母的陪同下，回到了学校，母女关系好似有很大的改观，小白的表情也更加灵动了，爸爸介绍说小白在一年的时间里严格按照医院的要求服药，并且带她去很多地方旅游，去朋友的公司打工，恢复很好，经医院复查认为小白愈后良好，可以复学，但要继续服药，小白爸爸满口答应。在复学后的半年时间里，小白学习刻苦，在班级里取得了班级前五名的好成绩，但是她对心理老师有很强的排斥心理，不希望别人认为自己有心理疾病，不希望受到更多的关注，心理老师请班级辅导员多关心并关注她的动态。

2008 年 3 月，小白的新班级辅导员找到我，开学以来小白变化很大，不再向上学期埋头苦学了，对班级同学的态度也很强硬了，而且最受不了别人说"神经病"三个字，认为那都是针对自己的，甚至因为这个事情与同学吵翻，要求同学当面向自己道歉；最近因班级一男生在QQ上与她简单问候和交流过，小白就认定了该男生喜欢她，只是限于女朋友而不能自由表达自己的想法，所以她经常会去骚扰该男生的女友，让那个女孩苦恼又害怕，男生也很无奈，班级辅导员了解情况后与她交谈多次，但她坚信那男生是喜欢自己的，甚至认为该男生玩弄自己的感情，并告诉了爸爸，爸爸很生气要到学校来找该男生算帐，辅导员没有办法请我与小白交流。我很担心她的愈后不好会再次发病，请小白来心理咨询室，没有想到我迎来了一位谈判专家。

小白清楚的告诉我感谢学校对自己的关心，但是自己各项情况很好，不需要学校介入自己的事情，而且为了证明自己很好，不会再和该男生联系也不会再去找她的女友，话语之间明显可以感受到她对学校的敌意，进一步的交流让我大吃一惊，她在回家之后根本没有服用医院开的药物，这次顺利通过了复查，所以她父母和她都坚信是学校耽误了自己一年的时间，而且让自己背上了精神病的帽子，都是学校的错，现在只求学校不要再关注自己让自己顺利毕业即可，我为小白的未来生活深深捏了一把汗，因为我清楚如果再次复发，情况会更加糟糕！

在小白找我之后半个月的时间里，她的两个舍友强烈要求要换宿舍：小白在走廊里看到一个虫，就坚定的认为是舍友从外面抓来放到自己床上的，认为舍友要害自己，自己的东西找不到就一定要翻舍友的抽屉，曾经半夜爬在一舍友的床前盯着她看，把舍友吓坏了，在经过了调查了解之后，我请她父母再次到校，因为小白需要再次检查，小白的父母依然态度坚决反对检查，母亲决定留下来照顾小白，与小白住在一起监护她的安全，宿舍楼的阿姨反应曾听到妈妈对女儿的指责，说她乱说话，甚至又要打她，一个星期之后小白主动找到我，希望我能陪她一起住，因为她觉得父母要害死她，她很害怕。

二、案例分析

1. 小白存在明显的精神分裂症症状

（1）思维中断：交谈过程中，经常出现她的思维出现中断情况，她会不知道刚才说的内容，问及答自己在想事情。而且思维也比较贫乏，问及她对一些事情的看法的时候，最多的回答是"挺好的""还行吧"，无论是讨论事物还是人际关系基本都是这样的回答。

（2）日常生活中，出现行为懒散，自律性下降，行动力不强，睡觉较多，注意力容易分散，缺乏动力，生活缺乏目标。

（3）情感反应：谈及与父母关系，情感反应比较强烈，而且对父母的负性情绪体验更深，不愿意多谈及，并且坚定认为父母是对付自己的，自己与父母的死结解不开了。其他事情情绪反应较少，都不错，无所谓的态度，比较淡漠，但是多次在不同场合不合时宜的出现自笑情况。

（4）意志行为出现障碍：虽然自己一直在说要好好学习，遵守校规校纪，但是意志上以及行为上没有改变。

（5）存在钟情妄想：对学校里的一些男同学和男老师表现出好感，而且勇于直接追求和表达，当时行为冲动性比较强，但是在遭到拒绝之后，由爱生恨，情绪反应极其强烈，甚至"如果我是男生，我就捅死他"。钟情对象容易转移。

（6）自尊心极强，好胜心强，容易嫉妒，认为自己具有过人本领没有被发现，潜力无穷，自高自傲，不能容忍自己的失败以及被别人看不起。

（7）智力活动正常，意识清醒，否认自己具有精神方面的疾病，认为自己主要是情绪问题或者其他的心理疾病，自己的病自己能够解决。

2．父母的教养方式是引发小白生病的根本原因

（1）父母对小白的期望值很高，教育小白要不断追求进步，永争第一，使小白形成了好胜心强，自尊心极强、容易嫉妒的性格；

（2）小白的妈妈经常抱怨小白个子不够高、皮肤不够白，长得不够漂亮，甚至没有男孩子喜欢她等等，致使小白对外表极度自卑，对异性对自己的感觉非常在意，有谈恋爱的强烈需求；

（3）家庭教养方式以权威型为主，不会听从她的想法，17岁之前以简单粗暴的体罚为主要形式，上大学之后以前途等原因拒绝了解她的内心需求，小白的内心积聚了大量的愤怒情绪无从发泄；

（4）处理问题原则性不强，忽视培养小白解决问题的能力和抗挫折能力。虽然父母对小白以强硬态度出现，但是当小白真的对父母的意见有强烈的反叛行动的时候，父母会采纳小白的想法，给小白形成了"他们不会让我如意，只有通过闹才能实现我的目的"的经验，遇到问题以逃避为主，抗挫折能力弱。

3．父母对小白的爱耽误了最佳治疗时间和治疗方法的选择

（1）父母拒绝承认女儿有病，担心女儿有病的消息传到家乡，影响女儿的就业，从发现问题到去医院检查整整耽误了一个月的时间，耽误了最佳治疗时间；

（2）在医生已经确诊女儿患病并被告知没有自知力后，是否服药等问题依然听从女儿的意见，因女儿拒绝服药所以就不服药，完全没有起到监护人的作用；

（3）在远离刺激源，女儿情况好转之后，告诉女儿被学校耽误了一年，同时告诫女儿要防范学校的老师，不要什么话都和老师讲等，对后续的愈后治疗造成了很大的麻烦，最终导致相同情境中再次发病。

三、治疗方法

1. 药物治疗

转介到专门机构进行检查，同时要求小白按照医嘱服用相关药物。一般在初发复发的急性期，可使用抗精神病药物氯丙嗪 300 - 400 毫克/天，或奋乃静 30 - 60 毫克/天，或氯氮平 300 - 400 毫克/天。一般来说，服药后 4 - 6 周内，精神症状可被控制。经验表明，加大药物剂量并不能提高疗效，反而会增加药物的副作用。症状得到控制后仍要继续进行一个月左右的药物治疗，以巩固疗效。在上述基础上，再以能保持最佳恢复状况的最小剂量给予不少于两年的维持治疗。

2. 家庭治疗，扰动家庭动力系统

小白发病的主要诱因在于家庭而且康复也要依赖家庭的支持，所以在小白妈妈到校后，我请妈妈和小白一起接受了家庭治疗，妈妈能够意识到自己当年教育方式的错误，也能够真心悔悟，但是现在转变为另一个极端——全部以小白为中心，小白对妈妈的表现不以为然，认为是妈妈在表演，而且已经习惯于这样的表演，对妈妈的感情非常冷淡、冷漠，虽然在咨询室中，可以做到母女沟通模式上的重建，但是在离开后又恢复了原样，鉴于该次家庭治疗在小白发病期，对小白作用不大，小

白妈妈仍以讨好女儿为主。

四、知识链接

1. 什么是精神分裂症

（1）概念

精神分裂症是一种精神活动与现实环境相脱离，认知过程、情感过程、意志过程与个性特征等各方面互不协调、相互分裂的精神病。精神分裂症是一组病因未明的精神病，多起病于青壮年，一般无意识障碍和智力缺损，病程多迁延。精神分裂症是精神病中患病率最高的一种，城市患病率明显高于农村。

（2）早期症状

认识精神分裂症的早期症状是十分重要的，可以早发现、早治疗。急性起病者病前很难发现或者根本就不存在早期症状。大部分患者是在无明显诱因下缓慢起病，仔佃观察分析一般都能发现有如下一些早期精神症状：

①睡眠改变：逐渐或突然变得难以入睡、易惊醒或睡眠不深，整夜做噩梦、或睡眠过多。

②情感变化：情感变得冷漠、失去以往的热情、对亲人不关心、缺少应有的感情交流与朋友疏远，对周围事情不感兴趣，或因一点小事而发脾气，莫名其妙地伤心落泪或欣喜等。

③行为异常：行为逐渐变得怪僻、诡秘或者难以理解，喜欢独处、不适意的追逐异性，不知羞耻，自语自笑、生活懒散、发呆发愣、蒙头大睡、外出游荡，夜不归家等。

④敏感多疑：对什么事都非常敏感，把周围的一些平常之事和他联系起来，认为是针对他的。如别人在交谈，认为是在议论他；别人偶而看他一眼，认为是不怀好意。有的甚至认为

广播、电视、报纸的内容都和他有关，察言观色，注意别人的一举一动，有的认为有人要害他，不敢喝水、吃饭、睡觉，有的认为爱人对他不忠而进行跟踪。

⑤性格改变：原来活泼开朗、热情好客的人，变得沉默少语，独自呆坐似在思考问题，不与人交往；一向干净利索的人变得不修边幅、生活懒散、纪律松弛、做事注意力不集中；原来循规蹈距的人变得经常迟到、早退、无故旷工、工作马虎，对批评满不在乎；原来勤俭节省的人，变得挥霍浪费，本来很有兴趣的事物也不感兴趣等。

⑥语言表达异常：与其谈话话题不多，语句简单、内容单调，谈话的内容缺乏中心或在谈话中说一些与谈话无关的内容，使人无法理解，感觉交谈费力或莫名其妙，或自言自语，反复重复同一内容等。

⑦脱离现实，沉湎于幻想之中，做"白日梦"。

（3）典型特征

①思维联想障碍：思维联想过程缺乏连贯性和逻辑性，是精神分裂症最具有特征性的障碍。其特点是病人在意识清楚的情况下，思维联想散漫或分裂，缺乏具体性和现实性。最典型的表现为破裂性思维，即病人的言语或书写中，语句在文法结构虽然无异常，但语句之间、概念之间，或上下文之间缺乏内在意义上的联系，因而失去中心思想和现实意义。思维障碍在疾病的早期阶段可仅表现为思维联想过程在内容意义上的关联不紧密，松弛。此时病人对问题的回答叙述不中肯、不切题，使人感到与病人接触困难，称联想松弛。思维障碍的另一种形式，是病人用一些很普通的词句、名词，甚至以动作来表达某些特殊的，除病人自己外旁人无法理解的意义，称象征性思维。有时病人创造新词，把两个或几个无关的概念词或不完整

的字或词拼凑起来，赋以特殊的意义，即所谓词语新作。

②情感障碍：情感迟钝淡漠，情感反应与思维内容以及外界刺激不配合，是精神分裂症的重要特征。最早涉及的是较细致的情感，如对同事、朋友的关怀、同情，对亲人的体贴。病人对周围事物的情感反应变得迟钝或平淡，对生活、学习的要求减退，兴趣爱好减少。随着疾病的发展，病人的情感体验日益贫乏，对一切无动于衷，甚至对那些使一般人产生莫大悲哀和痛苦的事件，病人表现冷漠无情，无动于衷，丧失了对周围环境的情感联系（情感淡漠）。如亲人不远千里来探视，病人视若路人。此外，可见到情感反应在本质上的倒错，病人流着眼泪唱愉快的歌曲，笑着叙述自己的痛苦和不幸（情感倒错）。或对某一事物产生对立的矛盾情感。

③意志行为障碍：在情感淡漠的同时，病人的活动减少，缺乏主动性，行为被动、退缩，即意志活动低下。病人对社交、工作和学习缺乏应有的要求，不主动与人来往，对学习、生活和劳动缺乏积极性和主动性，行为懒散，无故不上课，不上班。严重时病人行为极为被动，终日卧床或呆坐，无所事事。长年累月不理发、不梳头，口水流在口内也不吐出。随着意志活动愈来愈低，病人日益孤僻，脱离现实。

④幻觉和感知综合障碍：幻觉见于半数以上的病人，有时可相当顽固。最常见的是幻听，主要是言语性幻听。病人听见邻居、亲人、同事或陌生人说话，内容往往是使病人不愉快的。最具有特征性的是听见两个或几个声音在谈论病人，彼此争吵，或以第三人称评论病人（评议性幻听）。语声常威胁病人、命令病人，或谈论病人的思想，评论病人的行为。病人可以清楚地听出议论他的每一句话，因此十分痛苦。幻视也不少见。精神分裂症幻视的形象往往很逼真，颜色、大小、形状清

晰可见。内容多单调离奇。如看见一只手、半边脸、没有头的影子，灯泡里有一个小人等。幻视的形象也可在脑内出现，病人说是用"内眼"看见的，即假性幻视。

⑤妄想：妄想是精神分裂症最常见的症状之一。在部分病例中妄想可非常突出。内容上以被害妄想、关系妄想、影响妄想最为常见。此外，还可见疑病、钟情、自责自罪、嫉妒等妄想。

⑥紧张症综合征：此综合征最明显的表现是紧张性木僵：病人缄默、不动、违拗或呈被动服从，并伴有肌张力增高。病人的姿势极不自然，如病人卧在床上，头与枕头间可隔一距离（空气枕头），也有日夜不动地闭目站立。可见蜡样屈曲，病人的任何部位可随意摆布并保持在固定位置。有时可突然出现冲动行为，即紧张性兴奋：病人行为冲动，动作杂乱，做作或带有刻板性。

（4）分类

①单纯型：多在青少年时发病，起病缓慢，诱因不明显。可先有头痛、头晕、失眠、精神不振等早期症状，逐渐对环境不感兴趣，显得孤独懒散。与家人情感疏远，言语和动作缓慢减少，少有幻觉和妄想。预后多不良。

②青春型：够在青春期发病，起病缓慢，表现孤僻怪诞。情感多变，易冲动，言语杂乱无章，妄想荒谬，常有幻觉，表现古怪愚蠢、淘气、幼稚、扮鬼脸等行为。此型预后不良，出现精神衰退较早。

③紧张型：青壮年起病。急性、亚急性起病居多。少数缓慢起病。早期精神不振、乏力、少动、对周围事情缺乏兴趣、缄默不语，动作被动或违拗、出现典型的木偶型状态，或紧张兴奋状态出现，此型预后较好。

④偏执型：最多见的一型，一般起病较缓慢，起病年龄也较其他各型为晚。其临床表现主要是妄想和幻觉，但以妄想为主，这些症状也是精神病性症状的主要方面。妄想为原发性妄想，主要有关系妄想、被害妄想、疑病妄想、嫉妒妄想和影响妄想。这些妄想通常结构松散、内容荒谬。如出现关系妄想时，患者总觉得周围发生的一切现象都是针对自己的，都与自己相关：别人的议论是对他的不信任的评价、别人润嗓子发出的声音是在传递不利于自己的信息、别人瞥一眼是在鄙视自己等。

此外还有些病人具有精神分裂症的基本症状，但不能归入以上各型者，称为其他型。

2. 精神病和神经病的区别

在很多人的头脑中，常常存在一种错误的概念，就是把神经病和精神病混为一谈。每当听到人家说"神经病"，马上就会想到"疯子"、"傻子"。所以，不少文艺刊物和电视、电影中常常出现将精神病称为神经病的错误叫法。其实，精神病和神经病是两种完全不同的疾病，不能混为一谈。

精神病，也叫精神失常，是大脑功能不正常的结果。现有的仪器设备还查不出大脑结构的破坏性的变化。根据现有的资料表明，精神病是由于患者脑内的生物化学过程发生了紊乱，有些患者的中枢神经介质多了，有些则是缺少某些中枢神经介质，或是某些体内的新陈代谢产物在脑内聚集过多所致。由于精神病患者大脑功能不正常，所以这些患者出现了精神活动的明显不正常，如莫名其妙地自言自语，哭笑无常，有时面壁或对空怒骂，有时衣衫不整，甚至赤身裸体于大庭广众面前……

神经病是神经系统疾病的简称。前面已提到神经系统是人体内的一个重要系统，它协调人体内部各器官的功能以适应外界环境的变化，起着"司令部"的作用。凡是能够损伤和破坏神经系统的各种情况都会引起神经系统疾病。例如头部外伤会引起脑震荡或脑挫裂伤；细菌、真菌和病毒感染会造成各种类型的脑炎或脑膜炎；先天性或遗传性疾病可引起儿童脑发育迟缓；高血压脑动脉硬化可造成脑溢血等等。

那么，常见的神经系统疾病有哪些症状呢？头痛、头晕、睡眠不正常、震颤、行走不稳定、下胶瘫痪、半身不遂、肢体麻木、抽风、昏迷、大小便不能自己控制、肌肉萎缩以及无力等均是最常见的表现。概括地说，可以将症状分为两类：一类是刺激症状，表现为疼痛、麻木；另一类是破坏症状，表现为瘫痪。当然，有些神经病患者也可以表现出一定程度的精神失常，但这种精神失常和精神病人的精神失常有所不同，医生根据症状、检查以及各种化验等可以把这两者区别开来。

由此可见，神经病和精神病是不同范畴的两种疾病，其发病原因、临床表现等均不一样，所以在日常生活中应该把这两种概念搞清楚。如果遇到精神病患者看病的话，应当建议他到精神病院或精神科去；而神经病患者，则应该到神经科去看病。

需要说明的是，神经衰弱和神经病、精神病也完全不同，更不能混为一谈。

五、心得体会

精神疾病对学生和家庭的伤害是巨大的，但是并非不可治，家长需要与学校密切配合，以药物治疗为主，辅以心理治疗和家庭支持辅助，花朵依然可以美丽绽放，逃避只会适得其反，爱她反而害了她！

感情的事好苦恼

一、案例介绍

我有病

　　小纪在大一的第二学期主动来到心理咨询室接受咨询，主要咨询的问题是人际关系问题，与宿舍同学相处不愉快。在咨询过程中，小纪很主动的谈及了自己之前的经历，她说自己高中时就有抑郁症，一直去心理咨询中心咨询和服药的，从高三到现在一直吃药，从最初的一粒现在减半了，但最近心情不好，总想向别人倾诉自己的故事：家里有精神分裂病史，外公、大阿姨和妈妈都是这个病，爸爸在自己9岁时去世，现在在二阿姨的监护下读书，妈妈在21岁怀自己的时候发病，因为爸爸照顾的好，一直比较稳定，没有发病，爸爸对自己管束很严，在爸爸去世后，妈妈病发住院，自己被寄养了一年，后来到了二阿姨家，感觉彻底自由了，很开心，但渐渐的发现生活全变了，有了宗教信仰后感觉有力量了，有了自己的想法，但人际关系一直不好，高中时可以少接触，但在同一个寝室很难回避。

我的感情困扰

在高中的时候有过一段情感的困扰，在运动会上看到生物老师的比赛后感觉很疲劳，觉得自己与生物老师有了神秘的联系，总是会关注生物老师，把生物老师想成自己生活的男主人公，但生物老师结婚并且有了孩子，觉得这是对自己感情的背叛，在高三的时候，用尽全身的力气写了一封信希望能够交给他，生物老师与其他同学交流很好就是不和自己交流，自己在运动会后曾经打电话给他，但是他装作不认识自己，觉得他很过分自己很生气，再后来就生了抑郁症，现在希望能够联系到生物老师，让他知道自己的状况，并且让他知道自己已经不再是原来不爱交流的样子了，小纪很确定生物老师一定知道自己而且向班主任了解过自己的情况，对生物老师这种里外不一的情况感觉很困惑也很生气。现在对一起勤工助学的一个男生有了好感，很享受想象的美妙，希望自己足够好，力争变得引人注目，人际交往能力提高，能吸引男孩的注意。后来发现该男生已经有了女友，但感觉那个男生总是在个人网页上展示他们的恋情是在向自己示威，把自己与他的女友做比较，而且把自己比下去了，很委屈，希望男生不要这样做。

我的烦恼

宿舍同学基本都有背景，找工作会比较容易，但自己要靠个人奋斗，比较着急。宿舍内学习氛围不好，但自己是比较容易受环境影响的，不知如何改善。二阿姨比较啰嗦，心里有些烦，但不敢表现出来，怕阿姨不再资助自己，北京的姑妈对自己很好，有资助自己，现在生病了，想要去看看她，但是阿姨不允许，很苦恼。快毕业了，担心自己不能适应工作环境，认为自己人际关系和处理事务的能力都不如别人，害怕社会的复杂。觉得自己的学习效率太低，担心自己不能通过报关员考试。一直希望自己在大学能有感情经历，但现在宿舍同学都有男友了，担心自己嫁不出去了，觉得自己进入了感情的怪圈，喜欢的人都不喜欢自己，不知如何破解。睡眠不好，经常会做奇怪的梦，梦到地狱和天堂啊，梦到自己和死去的人生活在一起什么的，有些害怕。毕业之后是读书还是工作，如何选择的问题。在参加招聘会时，不知如何表现优秀，找工作给自己带来很大的压力，觉得特别辛苦，特别累。

二、案例分析

1. 小纪患有精神分裂症，非急性发作期

根据小纪的自述，她的家庭具有精神分裂症史，外公、阿姨、妈妈均患有精神分裂症，自己在高中时发病，发病时存在关系妄想，觉得整个世界都变了，二阿姨怕自己有思想负担，骗自己说得的是抑郁症，在发病后得到了及时的治疗，一直坚持药物治疗，所以病情控制良好，在小纪主动寻求心理咨询时，她的精神分裂症处在非急性发作期，但因为生活中的各种压力，有发作的迹象。在大二的第一学期末，她突然电话给我声音异常紧张，说自己四点多做了噩梦，现在很害怕，很紧张，这种状态与高三时发病时一样的，怕自己再次复发，后及时跟进心理咨询和药物治疗，病情得以控制，没有复发。

2. 小纪对爱情有憧憬，存在关系妄想

小纪的妈妈在她出生时便患有精神分裂症，在爸爸的照顾下长大，但爸爸对自己很严厉，在 9 岁时去世，妈妈病发住院，所以被寄养了一年，后在二阿姨监护下长大，这样的家庭环境和成长背景让小纪对家庭的关爱非常渴望，也希望自己能

够有人来呵护与疼爱，在青春期对爱情有了憧憬，对生物老师存在了关系妄想。

3. 小纪的人际交往能力较差，自我评价偏低

受病情影响，小纪的社交功能有一定受损，但人际交往技能缺乏和自我认同感低是造成小纪困扰的根源所在，并非单纯的为病所害，所以这也是治疗精分，对抗现实生活压力源的重要切入点。

三、治疗方法

需要全病程治疗和全方位治疗，持续的药物治疗和心理社会干预。

1. 药物治疗

药物治疗可以缓解绝大部分症状，抗精神病药物治疗应作为首选的治疗措施，药物治疗应作为治疗中重要的组成部分。①急性期治疗：缓解主要症状，足量药物治疗，疗程至少4－6周；②巩固期治疗：防止已缓解的症状复发，使用原有效药物和剂量继续治疗，疗程至少3－6月；③维持期（康复期）治疗：维持病情稳定，防止疾病复发，坚持药物治疗，根据个体病情确定维持药物剂量，疗程不少于2－5年。有许多学者提出，对于停药复发者，应长期维持治疗。对于难治性、有严重自杀企图或暴力攻击行为的患者，建议持续维持治疗。总之，维持治疗的剂量和时间应个体化，与病期、复发史、疾病严重程度、缓解程度、环境、病前性格、既往用药的剂量和时间等有关，需综合考虑；④如停药，需密切观察病情，如有复发先兆，尽早恢复药物治疗。

2. 心理社会干预

患者会面临心理和社会问题，是疾病表现的一部分，也是

病后的心理应激反应，通常要进行心理社会的干预；①心理治疗：帮助解决患者的心理问题和危机干预，小纪主要体现在自我价值感的建立和不良认知的调整；②技能训练：帮助患者恢复社会功能和掌握疾病的管理能力，小纪需要提升人际交往技能；③家庭干预：建立一个有利于患者疾病治疗和康复的家庭环境；家庭对患者的治疗、康复起着非常重要的作用，家属需要了解疾病知识，支持患者治疗，帮助选择正确的治疗途径；④社区服务：为患者提供各种可能的服务，使患者能够适应在社区中的正常生活，促进患者身心的全面康复。

3. 预防为主，防止复发

①出于经济、时间、副作用等各方面因素考虑，一部分精神分裂症患者在病情稳定后，就不再维持性治疗。实际上，这种情况很有可能导致病情的反复。精神分裂症治疗过程分为急性期治疗、继续治疗和维持治疗三个阶段，治愈后应继续维持治疗一段时间。

②预防精神分裂症复发的根本措施是坚持治疗。首先，无论病人自我感觉多么良好，都在专家指导下治疗。其次，给病人创造宽松、愉快的生活环境，消除复发的心理诱因，家属最好也了解精神分裂症相关知识，督促病人按时治疗。

四、知识链接

1. 精神分裂症康复做好护理很重要

精神分裂症是一组病因未明的重性精神病，多在青壮年缓慢或亚急性起病，临床上往往表现为症状各异的综合征，涉及感知觉、思维、情感和行为等多方面的障碍以及精神活动的不协调。患者一般意识清楚，智能基本正常，但部分患者在疾病过程中会出现认知功能的损害。病程一般迁延，呈反复发作、加重或恶化，部分患者最终出现衰退和精神残疾，但有的患者经过治疗后可保持痊愈或基本痊愈状态。

精神分裂发作可能导致患者大脑的永久性损伤，认知功能进一步受损、社会功能进一步下降。对于患者家属，精神分裂症的复发意味着亲人病情的恶化和多次强制性的住院治疗，必须承担更大的经济负担和情感压力。精神分裂症的患者应及时到正规的专科医院进行专业的治疗，才能早日康复。

精神分裂症起病缓慢，但是根治很难，有专家提出，精神分裂症患者治疗之后的康复期间，要及时要做好比病症的护理工作，那么，精神分裂症的护理都有哪些方法呢？

（1）尊重患者，爱护患者，也是精神分裂症康复期的护理要点。如在患者面前避免高人一等，要谦虚、热情、亲切地对待患者，切忌歧视、讽刺、戏弄患者。要爱护精神分裂症患者，不能拿发病期的病态言行作为笑料的内容，要使其产生信赖感和安全感。

（2）及时为康复期患者解开心理上的结。有的患者在发病期间，与亲属有过无理言行，家属感到非常的委屈，患者感到很内疚，此时要向对方进行解释，以便相互谅解，要主动沟通彼此间的感情，为将来患者与亲人和睦生活奠定基础，为使病情长期稳定做好准备。

（3）要以好的修养和耐心对待患者。由于患者心理负担较重，心情不好，容易出现情绪激动、待人暴躁，甚至谩骂他人。对此，应保持冷静、避免与之争论。要宽慰谅解他们，对患者的合理要求要尽量给予满足，不能办到的事应予耐心解释，避免强迫命令，不要许愿和欺骗患者。

（4）要积极培养患者的社会适应能力。由于精神病有较长时间的巩固治疗阶段，所以，住院时间一般需要几个月不等，加上服用抗精神病药物的一些副作用，不少患者总觉得康复期力不从心，易疲乏，对外界感到生疏，怕不能适应将来的工作、生活。这时家人应鼓励患者参加各种活动，如做一些较轻而又安全的劳动，丰富患者的生活内容，逐步培养他们的社会适应能力。

2. 了解精神分裂症的病因，做好精神分裂症的预防

每个疾病不可能自己无缘无故地就出现，精神分裂症也不例外。精神分裂症给患者及家属带来的是无尽的灾难，因此了解精神分裂症的病因和预防知识对精神分裂症的治疗非常有必要。了解精神分裂症的病因做好精神分裂症的预防

（1）遗传因素：假如患者父母双方或者衣服有精神分裂症，那么，孩子以后患精神分裂症的可能性就比一般的孩子高出50%的患病率。因此，针对这一因素，做到先把病治好后再考虑结婚生子的事。

（2）内分泌因素：精神分裂症大多在青春期前后性成熟期发病，部分病人在分娩后急性起病。此外，精神分裂症的发病率在绝经阶段也较高。以上临床事实说明内分泌在发病中具有一定作用。甲状腺、性腺、肾上腺皮质和垂体功能障碍，也曾被不少学者疑为精神分裂症的原因，但有关这些方面的研究未能作出肯定的结论。

（3）社会心理因素：精神分裂症的发生多是在幼年至成年生活中的困难遭遇所造成的，其中与精神分裂症亲属的接触是精神分裂症的原因。针对这一因素，要做到当自己心理有压力和很痛苦的时候，要多和亲人沟通，或者选择通过适当的运动进行发泄。

3. 关系妄想

关系妄想，又称牵连观念，援引观念。患者坚信周围环境

的各种变化和一些本来与他不相干的事物，都与他有关系。别人的谈话，无线电广播、报纸上的文章和消息是针对他而发的；别的人咳嗽、吐痰是表示轻视他等。关系妄想的内容多数对患者不利，常发生于被害妄想之前或与之同时发生，多见于精神分裂症。

敏感的关系妄想：一种有病理性援引观念的非分裂症性偏执性精神病，以内向和敏感的性格为基础，个人疏泄情感和松弛紧张的能力发育不良。本病通常在个人遭受明显的羞辱和自尊性受伤害后发生。在典型情况下人格保持完好，预后良好。

五、心得体会

对于精神分裂症患者，在药物控制的前提下，更重要的是心理社会干预，给予更多的关心、支持与关注，帮助她提升个人能力，增强抗压能力，建立良好的社会支持系统，如此一来，预防复发是可以做到的。